자동차진단평가사

실기편

머리말

E-커머스 시장의 급속한 성장과 함께 자동차 거래의 온라인화가 활발히 이루어지면서, 자동차 진단평가사의 역할과 중요성이 날로 커지고 있습니다.

이에 본서는 자동차진단평가사를 목표로 하는 수험자뿐만 아니라, 전문가들도 실무에서 자동차 진단평가 업무를 수행하는데 활용할 수 있는 수험서 겸 실무 활용서로 제작되었습니다.

본서의 주요 특징은 다음과 같습니다.

1. 중고자동차 성능점검기록부 항목별 실무 사례 수록

중고자동차의 성능점검기록부에 명시된 각 항목을 기준으로, 차량의 수리 전과 수리 후, 또는 사고 전과 사고 후의 상태를 사진으로 비교하여 수록하였습니다.

2. 자동차진단평가 사진 판독 및 실기 연습문제

자동차진단평가 실기시험을 대비하여 사진 판독을 통한 사례 학습과 함께, 실제 시험과 유사한 유형별 실기 연습문제를 사진과 함께 제공하였습니다.

이 책은 단순히 이론적인 설명에 그치지 않고, 실제 현장에서 촬영된 생생한 사진과 함께 내용을 구성하여 자동차진단평가사의 자격 취득을 목표로 공부하는 모든 수험생들에게 든든한 학습 동반자가 될 뿐 아니라, 실무에서도 유용하게 활용할 수 있는 종합 지침서가 될 것입니다.

아울러, 국가공인 자동차진단평가사의 발전을 위해 애쓰시는 모든 관계자분들께 깊은 감사의 마음을 전하며, 앞으로도 독자 여러분의 지속적인 관심과 성원을 부탁드립니다.

2025. 1.

(사)한국자동차진단보증협회 회장 정 욱

KAIWA

자동차진단평가사 검정안내

1 정의

자동차진단평가사는 중고자동차의 유통발전과 소비자의 권익을 보호하기 위하여 중고자동차의 **표준상태를 기준으로 하여** 사용하는 사람(용도)과 관리 상태에 따라 객관적이고 공정한 중고자동차진단평가 기준을 적용하여 중고자동차의 정확한 평가가격을 제시하는 업무를 담당하기 위하여 자동차진단평가사 자격을 취득한 자이다.

2 직무분야

- 중고 자동차 매매 시 가치 산정
- 중고 자동차를 인수하는 조건으로 신차를 구입하는 경우 중고자동차의 가치 산정
- 사고 자동차의 사고감가(격락손해)를 포함한 자동차 가치 산정
- 리스·렌탈 해약 자동차의 가치 산정
- 소송 자동차의 가치 산정
- 기업의 기말 재고 자동차의 평가변환 시 가치 산정
- 기업 보유 자동차의 자산평가 시 가치 산정
- 사고 전이나 사고 후의 가격추정 필요 시 가치 산정
- 수출 중고 자동차 상태 인증
- 경매 출품 자동차의 가격 산정 및 사전 등급 평가
- 중고자동차 성능진단업무

3 진로

- 중고자동차성능상태점검장
- 자동차경매장
- 중고자동차매매업체
- 중고자동차평가업체
- 보험업체
- 신차영업소
- 정비업체 등

❹ 시행주관처

1. 인증 및 평가기관 : (사)한국자동차진단보증협회
2. 시 험 주 관 : (사)한국자동차진단보증협회 www.kaiwa.org (02-579-8500)

❺ 응시자격

1. 자동차진단평가사 2급 : 연령, 학력, 경력 제한 없음
2. 자동차진단평가사 1급 : 자격, 학력, 경력이 있는 자
   ※ 세부 응시자격은 한국자동차진단보증협회 홈페이지에서 확인 또는 문의

❻ 원서교부

1. 교부 및 접수처 : 홈페이지 접수(www.kaiwa.org)

2. 제출서류
   수검원서 1부(본 협회 소정양식) : 성명란에 영문표기는 필히 기재요망
   ※ 1급 응시자 : 자격, 학력, 경력 중에서 해당하는 증빙자료

❼ 검정과목

등급	필기검정과목	실기검정과목
2급	자동차진단평가론	자동차진단평가실무 (중고자동차성능점검기록부 작성법 포함)
1급	자동차진단평가론 자동차성능공학	자동차진단평가실무 (중고자동차성능점검기록부 작성법 포함)

❽ 필기시험

등급	시험과목	문제수	검정방법	합격기준
2급	자동차진단평가론	60문제	4지선다형 60분	100점 만점 평균 60점 이상
1급	자동차진단평가론	60문제	총 80문제 4지선다형 80분	100점 만점 평균 60점 이상 (과락 : 성능공학 40점 이하)
	자동차성능공학	20문제		

출제기준-실기

실기과목명	주요 항목	세부 항목
자동차 진단평가 실무	**1. 중고자동차 진단평가 기준**	1. 총칙 2. 자동차 종합상태 3. 수리이력·수리필요 평가 4. 자동차 세부상태 5. 기타의견 작성 및 조사산정 가격도출
	2. 사고차 식별법	1. 사고차 식별법 2. 차량측면부 사고 3. 차량후반부 사고 4. 차량전면부 사고

| 제 1 편 | 중고자동차 진단평가기준 |

Contents

01

중고자동차 진단평가기준

Ⅰ. 총 칙

제1조 (목적)

이 기준서는 (사)한국자동차진단보증협회가 자동차 진단 평가 업무를 공정·투명하고 효율적으로 수행하기 위한 자동차진단평가 기준서의 검정용으로 사용함을 목적으로 한다.

제2조 (정의)

이 기준서에서 사용하는 용어의 뜻은 다음과 같다.

1. "**자동차**"란 자동차관리법 제3조에 명시된 승용자동차, 승합자동차, 화물자동차, 특수자동차, 이륜자동차 등을 말한다.

2. "**자동차 진단평가**"란 평가대상 자동차와 표준적인 점검과 정비를 완료한 상태(이하 "표준상태"라 함)의 자동차를 이 기준의 점검 항목별로 비교, 경제적 가치 차이를 산출하여 평가대상 자동차의 가격을 산출하는 것을 말한다.

3. 자동차진단평가에 사용되는 용어의 뜻은 다음과 같다.

   가. 가치감가 : 기능에 영향이 없고 통상 수리가 필요하지 않는 경미한 긁힘 또는 손상에 대하여 적용하는 감가를 말한다.

   나. 수   리 : 부품을 교환할 필요는 없지만 원래의 상태로 되돌릴 필요가 있는 손상으로서 원래의 상태로 되돌릴 수 있는 손상을 말한다.

   다. 교   환 : 손상이 큰 것으로 부품을 수리하기에는 비용이 너무 많이 들거나 손상이 커서 수리로서는 원래의 상태로 되돌릴 수 없는 손상을 말한다.

4. "**기준가격**"이란 표준상태의 자동차 가격으로서 보험개발원에서 매분기별 발표하는 기준가액을 말한다.

5. **"표준상태"**의 자동차는 다음의 상태를 말한다.

　가. 외관과 내부 상태는 손상이 없고 광택을 낼 필요가 없는 것으로 한다.

　나. 엔진과 하체(구동장치)가 양호하고 각종 오일류가 정상이고 주행에 문제가 없는 것으로 한다.

　다. 불법 구조(튜닝) 변경 등이 없이 신차 출고시의 상태로 되어 있는 것으로 한다.

　라. 주행거리가 표준 주행거리(1년 기준, 2만 km) 이내의 것으로 한다.

　마. 타이어 트레드 부 홈의 깊이가 5mm(50%)이상 남아 있어야 한다.

　바. 외판과 주요 골격은 사고수리 이력 및 개조 등이 없는 것으로 한다.

제3조 (적용범위)

자동차진단평가사가 자동차 진단평가서[별첨1]를 작성할 때에는 이 기준서에 따라야 한다.

제4조 (자동차진단평가 절차)

자동차 진단평가 업무는 다음 각 호에 따라 실시한다. 다만, 특별한 경우 이를 조정할 수 있다.

1. 자동차 기본정보 등 확인
2. 자동차의 종합상태 점검 및 가격산정
3. 사고·교환·수리 등 수리이력, 부위별 수리필요 점검 및 가격산정
4. 자동차 세부 상태 점검 및 가격산정
5. 자동차 기타 정보 점검 및 가격산정
6. 특기 사항 및 점검자의 의견 란 작성
7. 자동차 진단평가 결과 작성

| 기준가격 | ...... | 표준상태의 자동차 가격으로서 진단평가의 기준이 되는 시장거래 가격의 평균치를 말하며, 보험개발원에서 분기별로 제시하는 자동차기준가액을 바탕으로 산출한 기준가격을 적용하며, 기준가격 정보가 없는 차종의 기준가격은 한국자동차진단보증 협회에서 결정한다. |

| 보정가격 | ...... | 시세변동이 큰 차량 또는 평가차량의 특성값이 있는 경우는 기준가격에 월별보정 가격과 특성값 보정가액을 합산하여 보정가격을 산출한다. |

| 가·감점 | ...... | 가·감점기준에 따라 설정된 점수를 기준가격에서 가·감점한다. |

| 평가가격 | ...... | 평가차량의 대한 경제적 환산 최종 가치 평가 |

제5조 (가 · 감점 점수의 운용)

가 · 감점 점수는 차종별로 구분하여 평가항목에 따라 가 · 감점 평균치를 점수화한 것으로서, 가 · 감점 1점은 1만 원으로 계상하고 소수점 이하는 올림한다.

제5조2 (실비와 견적금액의 적용)

실비의 경우 거래명세서 등을 기준으로 실제 소요비용을 적용하고, 수리가 필요한 견적금액의 경우에는 견적금액의 90%를 적용한다.

제5조3 (산출방법)

산출식의 계산은 사칙연산에 따라 연속하여 계산하고, 소수점 이하는 올림한다.

제6조 (기준서의 개정)

자동차진단평가사는 이 기준서에 대한 개정의견을 제출할 수 있다.

제7조 (등급분류 및 등급계수)

자동차 세부 상태별 평가점수를 차량 등급별로 차등 적용하기 위해 배기량과 승차인원 등을 고려하여 차량 등급을 분류하고 분류된 등급에 계수를 설정 적용한다. 승용차, SUV, RV는 배기량을, 승합차는 승차인원을, 화물차는 최대 적재량을 기준으로 설정 적용한다. 단, 전기, 수소 자동차(제4호)를 제외한 차종의 경우, 하이브리드 차종은 상위등급을 적용한다.

1. 승용차 자동차 등급분류

가. 등급분류(배기량 기준)

구 분	등 급	배기량 (단위: 1,000 cc)
승용차	특C	3.0이상 ~
	특B	2.4이상 ~ 3.0미만
	특A	2.1이상 ~ 2.4미만
	I	1.7이상 ~ 2.1미만
	II	1.30이상 ~ 1.7미만
	III	1.10이상 ~ 1.3미만
	경	~ 1.1미만
적용대상		6인승 이하 세단형, 헤치백, 웨건 등

2. SUV형 자동차 등급분류

가. 등급분류(배기량 기준)

구 분	등 급	배기량 (단위: 1,000 cc)
승용차	특C	3.0이상 ~
	특B	2.4이상 ~ 3.0미만
	특A	2.1이상 ~ 2.4미만
	I	1.7이상 ~ 2.1미만
	II	1.30이상 ~ 1.7미만
	III	~ 1.3미만
적용대상		8인승 이하 다목적형

3. RV형 자동차 등급분류

가. 등급분류(배기량 기준)

구 분	등 급	배기량 (단위: 1,000 cc)
RV	특C	4.0이상 ~
	특B	2.8이상 ~ 4.0미만
	특A	2.1이상 ~ 2.8미만
	I	1.7이상 ~ 2.1미만
	II	~ 1.7미만
적용대상		15인승 이하 다목적형 (미니밴 승용, 승합형)

4. 전기, 수소 자동차 등급분류

가. 등급분류(자동차등록증 기준)

차 종	등 급	차종(승용)	차종(SUV)
전기 수소	특C	대형	대형
	특B	준대형	중형
	특A	중형	준중형
	I	준중형	소형
	II	소형	–
	III	초소형	–
	경	경형	–
적용대상		자동차등록증을 기준하여 승용형, SUV형, RV형	

5. 승차정원에 의한 승합차의 등급분류

가. 등급분류 (승차정원 기준)

차 종	등 급	승차정원
승합차	특C	16인승 이상 ~ 25인승 이하
	특A	13인승 이상 ~ 15인승 이하
	I	12인승 이하
	경	경승합, 경화물(밴), 경특장
적용대상		25인승 이하 버스형

6. 최대 적재용량에 의한 화물차의 등급분류

가. 등급분류 (최대적재량 기준)

차 종	등 급	최대적재량
화물차	특C	4.0 t 이상 ~ 5.0 t 이하
	특B	1.5 t 이상 ~ 4.0 t 미만
	특A	1.0 t 초과 ~ 1.5 t 미만
	I	1 t
	경	1.0 t 미만
적용대상		5톤 이하 화물 운송형

7. 등급계수

제1호의 등급분류에 따른 등급별 계수는 아래 [표]와 같이 설정한다.

제조국 \ 등급	특C	특B	특A	I	II	III	경
국 산	2.2	1.8	1.5	1.4	1.2	1.0	0.8
수 입	2.7	2.5	2.0	1.7	1.4	1.2	1.0

제8조 (사용년 계수)

차량의 사용연수에 따른 계수는 아래[표]와 같고, 사용연수 산출은 연도만으로 계산한다.

예 최초등록일이 2014.12.15이고, 평가일이 2020.07.12.인 경우,

   ① 사용연수 : 2020년 – 2014년 = 6년

   ② 사용월수 : (6년 × 12개월) – 5개월 = 67개월

1. 국산차

사용년	당년~2년	3년	4년	5년~
계 수	1.0	0.9	0.8	0.7

2. 수입차

사용년	당년~2년	3~4년	5~6년	7년~
계 수	1.0	0.9	0.8	0.7

제9조 (잔가율표)

행정안전부가 매년 발표하는 차량의 잔가율을 참조하여 다음과 같이 적용한다.

1. 승용, SUV, RV

사용년	당년 ~ 3년	4년	5년	6년	7년 ~
국산차	0.518	0.437	0.368	0.311	0.262
수입차	0.500	0.412	0.340	0.281	0.232

2. 승합, 화물

사용년	당년 ~ 3년	4년	5년	6년	7년 ~
국산차	0.510	0.426	0.357	0.298	0.250
수입차	0.510	0.426	0.357	0.298	0.250

제10조 (기준가격)

기준가격은 보험개발원에서 매 분기 발표하는 기준가액을 적용하는 것을 원칙으로 한다. 단, 기준가액이 없는 경우 또는 신차출시 시기와 보험개발원 기준가액 발표 시기가 다른 경우 또는 내용연수가 초과된 경우에는 다음과 같이 산출 적용한다.

기준가격 산출식
최초 기준가액 × 감가율 계수의 감가율(%)

1. 최초 기준가액은 신차 출고 시 신차가격(부가세 포함)을 말한다.
2. 감가율 계수 산출식 = 11 + (사용년 × 12) + 평가월 수
3. 감가율은 제4호의 감가율표에서 감가율 계수에 상응하는 감가율을 적용한다.

4. 감가율표

감가율 계수	1	2	3	4	5	6	7	8	9	10
감가율	100	98.96	97.92	96.88	95.85	94.81	93.77	92.74	91.7	90.66
감가율 계수	11	12	13	14	15	16	17	18	19	20
감가율	89.62	88.59	87.55	86.65	85.75	84.85	83.95	83.05	82.15	81.25
감가율 계수	21	22	23	24	25	26	27	28	29	30
감가율	80.36	79.46	78.56	77.66	76.76	75.97	75.18	74.4	73.61	72.82
감가율 계수	31	32	33	34	35	36	37	38	39	40
감가율	72.04	71.25	70.46	69.68	68.89	68.11	67.32	66.65	65.99	65.32
감가율 계수	41	42	43	44	45	46	47	48	49	50
감가율	64.66	63.99	63.33	62.66	62	61.33	60.67	60	59.34	58.75
감가율 계수	51	52	53	54	55	56	57	58	59	60
감가율	58.16	57.57	56.98	56.39	55.8	55.21	54.62	54.04	53.45	52.86
감가율 계수	61	62	63	64	65	66	67	68	69	70
감가율	52.27	51.74	51.21	50.68	50.16	49.63	49.1	48.57	48.05	47.52
감가율 계수	71	72	73	74	75	76	77	78	79	80
감가율	46.99	46.47	45.94	45.49	45.04	44.59	44.15	43.7	43.25	42.8
감가율 계수	81	82	83	84	85	86	87	88	89	90
감가율	42.36	41.91	41.46	41.01	40.57	40.16	39.75	39.35	38.94	38.53
감가율 계수	91	92	93	94	95	96	97	98	99	100
감가율	38.13	37.72	37.31	36.91	36.5	36.09	35.69	35.31	34.94	34.57
감가율 계수	101	102	103	104	105	106	107	108	109	110
감가율	34.2	33.82	33.45	33.08	32.71	32.33	31.96	31.59	31.22	30.9
감가율 계수	111	112	113	114	115	116	117	118	119	120
감가율	30.58	30.26	29.94	29.62	29.3	28.98	28.66	28.34	28.02	27.7
감가율 계수	121	122	123	124	125	126	127	128	129	130
감가율	27.38	27.08	26.78	26.48	26.19	25.89	25.59	25.29	25	24.7
감가율 계수	131	132	133	134	135	136	137	138	139	140
감가율	24.4	24.1	23.81	23.53	23.25	22.97	22.69	22.41	22.13	21.85
감가율 계수	141	142	143	144	145	146	147	148	149	150
감가율	21.57	21.29	21.01	20.74	20.46	20.22	19.99	19.75	19.52	19.29
감가율 계수	151	152	153	154	155	156	157	158	159	160
감가율	19.05	18.82	18.58	18.35	18.11	17.88	17.65	17.42	17.2	16.98
감가율 계수	161	162	163	164	165	166	167	168	169	170
감가율	16.76	16.53	16.31	16.09	15.87	15.64	15.42	15.2	14.98	14.76
감가율 계수	171	172	173	174	175	176	177	178	179	180
감가율	14.55	14.34	14.13	13.92	13.71	13.49	13.28	13.07	12.86	12.65

제11조 (기준가격 보정)

월별 보정이 필요하거나 차량 특성값이 있는 차량의 경우 아래와 같이 기준가격을 보정하여 적용한다. 단, 월별 보정 및 특성값 보정이 없는 차량은 기준가격을 보정가격으로 한다.

1. 보정가격 산출식

보정가격 산출식
보정가격 = 기준가격 − ⓐ월별 보정가격 − ⓑ특성값 보정가격

2. ⓐ월별 보정가격 (보험개발원 기준가액이 있는 경우)

분기별로 발표되는 보험개발원의 기준가액을 월별 보정가격으로 환산하기 위하여 아래와 같이 월별 보정 감가율을 적용하여 보정가격을 산출한다.

가. 월별 감가율(%)

구 분	1분기		2분기		3분기		4분기	
	2월	3월	5월	6월	8월	9월	11월	12월
월별감가율	1	2	1	2	1	2	1	2

※ 매 분기 첫 번째 월은 감가율을 적용하지 않는다.

나. 월별 보정 산출식

ⓐ월별 보정가격 = 기준가격 × 월별 감가율

3. ⓑ특성값 보정가격 (특성값이 있는 경우만 적용)

기준가격에 반영되지 않은 제작사의 신차할인 프로모션 등의 특성값을 확인하여 특성값 보정가격을 산출한다.

가. 프로모션 감액 산출

구 분	프로모션 감액
800만원 이상 ~	800만원
600만원 이상~800만원 미만	600만원
400만원 이상~600만원 미만	400만원
200만원 이상~400만원 미만	200만원
200만원 미만	100만원

나. 특성값 보정가격 산출식

> ⓑ특성값 보정가격 = 프로모션 감가액 × 잔가율(%)

제12조 (전년도 보정가격)

전년도의 보정가격은 평가연도의 보정가격의 10%를 더한 가격으로 한다.

Ⅱ. 자동차 종합상태

제13조 (주행거리 평가)

평가차량의 주행거리평가는 실 주행거리와 표준 주행거리를 비교해서 표준보다 적을 경우 가점하고, 많을 경우 감점하며, 평가 방법은 다음과 같다.

1. 주행거리 평가 방법

가. 주행거리는 주행거리 표시기에 표시된 수치를 실 주행거리로 한다.

나. 주행거리 표시기가 고장인 경우, 조작흔적이 있는 경우는 보정가격의 30%를 감점한다. 이 경우, 제3항에 따른 주행거리 가·감점은 적용하지 않는다.

다. 주행거리 표시기가 교환되었을 경우는 자동차등록증 4항 검사 유효기간란의 마지막 정기 검사일에 기록된 주행거리에 현재 주행거리 표시기의 수치를 합하여 평가한다.

라. 주행거리 단위는 km를 사용하고, 마일(mile) 단위인 경우 km 단위로 환산하여 적용한다.(1 mile ⇒ 1.6 km)

2. 표준 주행거리 평가 방법

가. 표준 주행거리는 승용차의 경우 1년에 2만km를, 화물차, 승합차인 경우 1년에 3만km를 적용한다.

나. 표준 주행거리는 아래 산식에 따라 평가한다.

> **(1) 승용형, SUV형, RV형:** 표준 주행거리 = 사용경과월 수 × 1.66 × 1,000
>
> **(2) 화물차, 승합차 :** 표준 주행거리 = 사용경과월 수 × 2.5 × 1,000

3. 주행거리 가·감점 산출식

가. 승용, SUV, RV

$$\frac{(전년도\ 보정가격 - 보정가격)}{20} \times \frac{(표준\ 주행거리 - 실\ 주행거리)}{1000} \times 잔가율$$

나. 화물차

$$\frac{(전년도\ 보정가격 - 보정가격)}{30} \times \frac{(표준\ 주행거리 - 실\ 주행거리)}{1000} \times 잔가율$$

(1) '전년도 보정가격'은 제12조(전년도 보정가격)를 말한다.

(2) '잔가율'은 제9조의 잔가율을 적용한다.

(3) 주행거리 평가 가점은 보정가격의 15%(올림한 가격)를 초과할 수 없고, 감점은 보정가격의 30%(올림한 가격)를 초과할 수 없다.

> **예** 보정가격이 1,031만원인 경우, 보정가격의 15%는 154.65이며, 올림하면 1550이므로 주행거리 평가 가점은 155를 초과할 수 없음. 감점의 경우도 이와 같음.

(4) 사고수리이력 B랭크 또는 C랭크 손상이 있는 경우는 가점하지 않는다.

제14조 (차대번호 표기 평가)

자동차등록증의 차대번호와 평가차량의 차대번호를 비교하여 동일성 확인과 부식, 훼손, 상이, 변조, 도말 등의 상태를 확인하여 "불량"에 해당하는 경우 감점계수를 아래와 같이 적용 평가한다.

항 목	불 량	감점 계수
차대번호	부식, 훼손(오손), 도말 ※ 재 타각이 가능한 경우	20

제15조 (배출가스 평가)

 평가차량의 배출가스검사결과 대기환경보전법 시행규칙 제78조 별표21 운행차 배출허용기준을 초과하였을 경우 표준적인 정비비용을 감안하여 아래와 같이 감점 적용한다.

1. 감점 산출 공식

> 감점계수 × 등급계수 × 사용년 계수

2. 배출가스 검사 감점표

항 목	불 량	감점 계수
HC, CO	가솔린	60
매연	디젤	120

※ HC, CO 2가지 중 1가지만 초과하여도 감점

※ **대기환경보전법 시행규칙 [별표21] 운행차배출허용기준** 〈개정 2018.3.2.〉

 가. 휘발유(알코올 포함)사용 자동차 또는 가스사용 자동차 (일산화탄소 탄화수소)

  (1) 경자동차

   ① 2001.01.01. ~ 2003.12.31. 1.2% 이하 220ppm이하

   ② 2004년 1월 1일 이후 1.0% 이하 150ppm이하

  (2) 승용자동차

   ① 2001.01.01. ~ 2005.12.31. 1.2% 이하 220ppm이하

   ② 2006년 1월 1일 이후 1.0% 이하 120ppm이하

  (3) 승합 · 화물 · 특수 자동차

   ① 소형 : 2004년 1월 1일 이후 1.2% 이하 220ppm이하

   ② 중형 · 대형 : 2004년 1월 1일 이후 2.5% 이하 400ppm 이하

 나. 경유사용 자동차(매연)

  (1) 경자동차 및 승용자동차

   ① 2008.01.01. ~ 2016.08.31 20% 이하

   ② 2016년 9월 1일 이후 10% 이하

(2) 승합·화물·특수 소형자동차

① 2008.01.01. ~ 2016.08.31 20% 이하

② 2016년 9월 1일 이후 10% 이하

(3) 승합·화물·특수 중형 자동차

① 2008.01.01. ~ 2016.08.31 20% 이하

② 2016년 9월 1일 이후 10% 이하

(4) 승합·화물·특수 대형 자동차

① 2008년 1월 1일 이후 20% 이하

제16조 (튜닝 평가)

평가차량의 구조·장치 상태를 점검하고 「자동차관리법」 제34조의 규정에 따르지 않고 구조·장치가 변경된 경우 감점 적용하고, 구조·장치 변경승인을 받은 경우 가점한다.

1. 불법 튜닝 감점 산출 공식

감점계수 × 등급계수 × 사용년 계수

2. 감점 계수표

구 분	감점 계수
장치	80
구조	120

3. 적법 튜닝 가점 산출 공식

튜닝 비용 × 잔가율 × 사용년 계수

※ 잔가율과 사용년 계수는 튜닝시점을 기준으로 적용한다.

※ 튜닝 비용: 실비적용(거래명세서 등에 기재된 실제 장착비용)

제17조 (특별이력 평가)

평가차량의 침수, 화재 등으로 가격결정에 영향을 주는 경우 아래와 같이 해당 항목별 기준에 의해 감점한다. 단 사고수리이력 조회 (보험개발원 Carhistory) 정보를 참조하여 감점기준에 따라 감점 적용한다.

1. 감점 산출 공식

$$보정가격 \times 감점률 \times 사용년 계수$$

2. 손상이력 감점

구 분	감 점 률
침수 이력 (보험사고수리이력 조회)	40%
화재 이력 (보험사고수리이력 조회)	40%

3. 수리이력 감점

구 분	감 점 률
전손이력 (보험사고수리이력 조회)	10%
보험수리이력 (보험사고수리이력과 차량수리상태 상이)	7%

※ 보험수리이력 감가는 보험이력 조회 시 공임을 제외한 부품가격만 적용하여 국산차는 100만원, 수입차는 300만원 이상 조회시 적용한다. 단, 사고수리이력 평가 항목 중 외판부위 2랭크이상의 손상이 있는 경우 적용하지 않는다.

4. 특수사용이력 감점

특수사용이력	감 점 률
특수사용손상 (공사장 운용차량, 수산물 운송차량, 기타)	40%

제18조 (용도변경 평가)

평가차량의 용도변경이력 중 가격결정에 영향을 주는 경우 아래와 같이 해당항목별 기준에 의해 감점한다.

1. 감점산출 공식

$$보정가격 \times 감점율 \times 사용년 계수$$

2. 감점율표

변경 이력	감점율
렌터카 이력	7%
영업용 이력	15%
관용 이력	7%
직수입 이력	15%

※ 승합차, 화물차의 경우 감점하지 않는다.
※ 관용 이력 확인이 곤란한 경우 적용하지 않는다.

제19조 (색상 평가)

평가차량의 출고 시의 색상에 따라 기본색상 평가를 하고, 전체도색 또는 색상변경 등의 이력에 따라 다음 기준에 따라 감점한다.

1. 기본색상 평가 (화물차, 승합차는 감점하지 않음)

구 분		감점
기본 색상 평가	① 무채색 계열	감점 없음
	② 유채색 계열	유채색 감점계수 × 사용년 계수
색상 변경 평가	③ 전체 도색 [제작사의 표준색]	보정가격 × 3% × 사용년 계수
	④ 색상 변경 [출고 시와 다른 색상]	보정가격 × 6% × 사용년 계수
	※ 기본 색상이 유채색 계열로서 Ⅰ등급 이상인 차량을 색상 변경하는 경우에는 [②항의 감점 + ③항 또는 ④항의 감점의 1/2]을 적용	

2. 유채색 감점계수

등급 제조국	특C	특B	특A	I	II	III	경
국산차	170	150	130	100	–	–	–
수입차	240	220	200	170	–	–	–

3. 색상 분류 기준

구 분	세 부 색 상
무채색 계열	흰색, 검은색, 은색, 짙은 회색
유채색 계열	무채색 외의 색상 [빨강, 파랑, 주황색 등]

제20조 (옵션 평가)

옵션이 장착되어 있는 경우 사용연수에 따라 다음과 같이 단품목 옵션과 패키지 옵션으로 구분하여 가점 적용하며, 단품목 옵션과 패키지 옵션이 적용된 경우 패키지 옵션만 가점 적용한다. 다만, 옵션이 불량(고장, 분실 등)인 경우는 가점 후 감점을 적용한다.

1. 단품목 옵션

단품목 옵션은 차량 기준가격에 포함되지 않는 품목으로서 추가 비용으로 장착한 1개 또는 여러 개의 단일 품목을 말한다.

가. 가점

(1) 단품목 옵션은 내비게이션과 썬루프만을 평가 대상으로 한다.

(2) 내비게이션과 썬루프 옵션이 중복될 경우 썬루프 옵션만 가점 적용한다.

(3) 내비게이션은 경 등급부터 I등급 차량까지만 가점을 적용하고, 특A, 특B, 특C 등급은 가점하지 않는다.

(4) 가점금액

구분/사용년	1년		2~3년		4~5년		6년~	
	국산	수입	국산	수입	국산	수입	국산	수입
내비게이션	60		50		40		30	
썬루프	70	0	60	0	50	0	40	0
파노라마 썬루프	80	0	70	0	60	0	50	0

나. 감점 : 옵션이 불량(고장, 분실 등)인 경우는 감점을 각각 적용한다.

> 감점 : 견적액 × 0.9

2. 패키지 옵션

패키지 옵션은 차량 기준가격에 반영되지 않은 안전장치, 편의장치 등을 자동차 제작사가 패키지(묶음) 형태로 판매하는 품목으로서, 추가 비용으로 장착한 품목을 말한다.

가. 가점

(1) 가점 산출 공식

> 보정가격 × 가점률

(2) 가점률표

구분/사용년	1년	2년 ~3년	4년~5년	6년~
안전장치	15%	13%	11%	9%
편의장치	10%	8%	6%	4%

※ 패키지 옵션 중 안전장치와 편의장치가 중복 장착된 경우 가점률을 합산 적용.

(3) 패키지 옵션 구분표

안전장치	에어백(커튼), 브레이크잠김방지(ABS), 미끄럼방지(TCS), 차체자세 제어장치(ESC), 타이어 공기압센서(TPMS), 차선이탈 경보 시스템(LDWS), 전자제어 서스펜션(ECS), 주차감지센서(전방, 후방), 후측방 경보 시스템, 후방 카메라, 360도 어라운드 뷰
편의장치	크루즈 컨트롤(일반, 어댑티브), 헤드업 디스플레이(HUD), 전자식 주차브레이크(EPB), 자동 에어컨, 스마트키, 무선도어 잠금장치, 레인센서, 오토 라이트, 커튼/블라인드(뒷좌석, 후방), 내비게이션, AV 모니터블루투스, CD 플레이어, USB 단자, AUX 단자, 시트가죽시트, 전동시트(운전석, 동승석), 전동시트(뒷좌석), 열선시트(앞좌석, 뒷좌석), 메모리 시트(운전석, 동승석), 통풍시트(운전석, 동승석), 통풍시트(뒷좌석)마사지 시트

나. 감점 : 옵션이 불량(고장, 분실 등)인 경우는 감점을 각각 적용한다.

> 감점 : 견적액 × 0.9

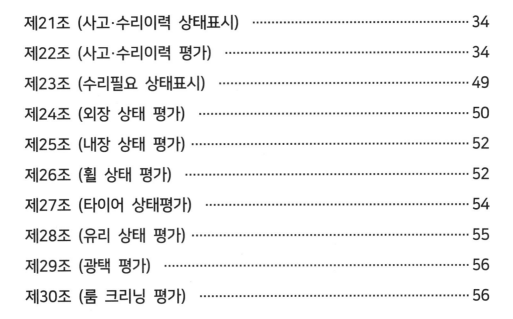

CHAPTER **03** 수리이력 · 수리필요 평가

Ⅲ. 수리이력·수리필요 평가

제21조 (사고·수리이력 상태표시)

평가자동차의 사고, 교환, 수리 등 수리이력의 상태표시는 차량상태를 점검하고 교환이나 용접 또는 수리 등 수리이력의 흔적이 있는 해당부위에 상태표시 부호를 그림 내부에 표기한다.

1. 사고 수리이력 상태표시 부호

　가. 교환 : X

　나. 용접 : W

제22조 (사고·수리이력 평가)

사고차량의 경우 수리가 완료되더라도 상품가치의 하락이 예상되므로 외판(1랭크, 2랭크)과 주요골격(A랭크, B랭크, C랭크)의 수리에 대하여 감가를 적용하며 그 평가방법은 다음과 같다.

1. 사고수리이력 감가액 산출공식

$$\frac{\sqrt{보정가격 \times 사고수리이력\ 감가계수(합)}}{4.8} \times 랭크별\ 적용계수$$

　가. 보정가격 : 제11조의 보정가격을 적용한다.

　나. 사고수리이력감가계수(합) : 제5호의 사고수리이력 감가계수로서 다음과 같이 적용한다.

　　(1) 사고수리이력이 2곳 이상인 경우는 사고수리이력감가계수를 합한다.

　　(2) 교환수리(X)는 부위별 사고수리이력 감가계수를 그대로 적용하고, 판금·용접수리(W)는 부위별 사고수리이력 감가계수의 50%를 적용한다.

　　(3) 1랭크 부위 중 1곳만 교환수리(X)이고 다른 부위의 사고수리이력이 없는 경우는 사고수리이력 감가계수의 50%를 적용한다.

　다. 랭크별 적용계수 : 제4호의 랭크별 적용계수를 적용한다. 단, 사고수리이력이 2곳 이상인 경우는 해당 랭크 중 높은 랭크의 계수를 적용한다.

라. 차대가 프레임 방식 중 (cab)ASSY교환 차량은 아래와 같이 감점 적용한다.

> 보정가격 × 감점율(40%) × 사용년 계수

2. 사고수리 이력 판단기준

가. 교환 (X)

- 볼트로 체결된 부품은 볼트가 전부 풀린 흔적과 색차이가 있는 경우
- 스폿용접으로 체결된 부위는 제작시 스폿용접 흔적과 비교시 상이한 경우

나. 판금 및 용접(W)

- 부품 교환 없이 판금 및 용접수리를 한 경우

3. 사고이력에 따른 랭크 분류

랭크분류	적용 부위	평 가 기 준
1랭크	1. 후드 2. 프런트 펜더 3. 도어 4. 트렁크 리드 5. 라디에이터 서포트[볼트 체결]	− 교환여부(X) − 볼트가 전부 풀렸거나, 해당 부품 색차이 여부(X) − 판금, 용접수리 여부(W)
2랭크	6. 쿼터 패널(리어펜더) 7. 루프 패널 8. 사이드 실 패널	− 교환여부(X) − 용접수리 여부(W) − 해당 부품이 구겨진 흔적이나 망치로 핀자국이 있는 경우(W)
A랭크	9. 프런트 패널 10. 크로스 멤버(용접부품) 11. 인사이드 패널 17. 트렁크 플로어 패널 18. 리어 패널	− 교환여부 (X) − 용접수리 여부(W) − 해당 부품이 구겨진 흔적이나 망치로 핀자국이 있는 경우(W)
B랭크	12. 사이드 멤버 13. 휠 하우스 14. 필러 패널 19. 패키지 트레이	− 교환여부 (X) − 용접수리 여부(W) − 해당 부품이 구겨진 흔적이나 망치로 핀자국이 있는 경우(W)
C랭크	15. 대쉬 패널 16. 플로어 패널	− 교환여부 (X) − 용접수리 여부(W) − 해당 부품이 구겨진 흔적이나 망치로 핀자국이 있는 경우(W)

4. 랭크별 적용계수

(1) 승용형 · SUV형 · RV형

제조국＼랭크	1	2	A	B	C
국산차	1.0	1.4	1.6	1.8	2.0
수입차	1.0	1.4	1.6	1.8	2.0

(2) 승합 · 화물

제조국＼랭크	1	2	A	B	C
국산차	0.8	0.9	1	1.4	1.6
수입차	0.8	0.9	1	1.4	1.6

5. 사고수리이력 감가계수

자동차의 손상정도에 따른 외판과 골격부위의 수리정도를 부품가격, 수리공임, 도장공임 등을 참조하여 손상성, 수리성 및 보험개발원 사고수리견적시스템 AOS(Areccom on-line system) 수리비, 지역 평균 공임 등을 참조하여 산출한 계수로서 다음과 같다.

가. 승용

랭크	NO	적용부위	특C 국산	특C 수입	특B 국산	특B 수입	특A 국산	특A 수입	I 국산	I 수입	II 국산	II 수입	III 국산	III 수입	경 국산	경 수입
1	1	후드	120	240	108	216	100	200	80	160	64	128	52	104	40	160
	2	프런트펜더	60	120	54	108	50	100	40	80	32	64	26	52	20	108
	3	도어[Fr]	90	180	81	162	75	150	60	120	48	96	39	78	30	152
	4	도어[Rr]	81	162	73	146	68	135	54	108	43	87	36	71	27	148
	5	트렁크리드	75	150	68	135	63	125	50	100	40	80	33	65	25	136
	6	라디에이터 서포트	45	90	41	81	38	75	30	60	24	48	20	39	15	68
2	7	쿼터패널 [리어펜더]	156	312	140	281	130	260	104	208	83	167	68	136	52	208
	8	루프패널	165	330	149	297	138	275	110	220	88	176	72	143	55	220
	9	사이드실패널	96	192	86	173	80	160	64	128	51	103	42	84	32	128
A	10	프런트패널	144	288	130	260	120	240	96	192	77	154	63	125	48	192
	11	크로스멤버 [용접부품]	75	150	68	135	63	125	50	100	40	80	33	65	25	100
	12	인사이드패널	105	210	95	189	88	175	70	140	56	112	46	91	35	140
	13	트렁크플로어	168	336	151	303	140	280	112	224	90	180	73	146	56	224
	14	리어패널	81	162	73	146	68	135	54	108	43	87	36	71	27	108
B	15	사이드멤버[Fr]	150	300	135	270	125	250	100	200	80	160	65	130	50	200
	16	사이드멤버[Rr]	126	252	113	227	105	210	84	168	67	135	55	110	42	168
	17	휠 하우스[Fr]	156	312	140	281	130	260	104	208	83	167	68	136	52	208
	18	휠 하우스[Rr]	129	258	116	233	108	215	86	172	69	138	56	112	43	172
	19	A 필러패널	132	264	119	238	110	220	88	176	70	141	58	115	44	176
	20	B 필러패널	126	252	113	227	105	210	84	168	67	135	55	110	42	168
	21	C 필러패널	120	240	108	216	100	200	80	160	64	128	52	104	40	160
	22	패키지트레이	90	180	81	162	75	150	60	120	48	96	39	78	30	120
C	23	대쉬 패널	150	300	135	270	125	250	100	200	80	160	65	130	50	200
	24	플로어 패널	132	264	119	238	110	220	88	176	70	141	58	115	44	176

나. SUV

랭크	NO	적용부위 / 차량등급	특C 국산	특C 수입	특B 국산	특B 수입	특A 국산	특A 수입	I 국산	I 수입	II 국산	II 수입	III 국산	III 수입	경 국산	경 수입
1	1	후드	130	260	118	236	110	220	74	266	66	234	58	202	50	170
	2	프런트펜더	70	140	64	128	60	120	54	186	48	162	43	142	37	118
	3	도어[Fr]	100	200	91	182	85	170	71	254	64	226	56	194	48	162
	4	도어[Rr]	91	182	83	166	78	155	70	250	62	218	55	190	47	158
	5	트렁크리드	85	170	78	155	73	145	64	226	57	198	51	174	44	146
	6	라디에이터 써포트	55	110	51	101	48	95	37	118	34	106	30	90	27	78
2	7	쿼터패널 [리어펜더]	166	332	150	301	140	280	93	342	83	302	72	258	62	218
	8	루프패널	175	350	159	317	148	295	98	362	87	318	76	274	65	230
	9	사이드실패널	106	212	96	193	90	180	62	218	55	190	49	166	42	138
A	10	프런트패널	154	308	140	280	130	260	86	314	77	278	67	238	58	202
	11	크로스멤버 [용접부품]	85	170	78	155	73	145	50	170	45	150	40	130	35	110
	12	인사이드패널	115	230	105	209	98	195	66	234	59	206	52	178	45	150
	13	트렁크플로어	178	356	161	323	150	300	99	366	88	322	77	278	66	234
	14	리어패널	91	182	83	166	78	155	53	182	48	162	42	138	37	118
B	15	사이드멤버[Fr]	160	320	145	290	135	270	90	330	80	290	70	250	60	210
	16	사이드멤버[Rr]	136	272	123	247	115	230	78	282	69	246	61	214	52	178
	17	휠 하우스[Fr]	166	332	150	301	140	280	94	346	83	302	73	262	62	218
	18	휠 하우스[Rr]	139	278	126	253	118	235	79	286	71	254	62	218	53	182
	19	A 필러패널	142	284	129	258	120	240	81	294	72	258	63	222	54	186
	20	B 필러패널	136	272	123	247	115	230	78	282	69	246	61	214	52	178
	21	C 필러패널	130	260	118	236	110	220	74	266	66	234	58	202	50	170
	22	패키지트레이	160	320	145	290	135	270	90	330	80	290	70	250	60	210
C	23	대쉬 패널	142	284	129	258	120	240	81	294	72	258	63	222	54	186
	24	플로어 패널	98	362	94	346	90	330	81	294	72	258	63	222	54	186

다. RV

랭크	NO	적용부위 / 차량등급	특C 국산	특C 수입	특B 국산	특B 수입	특A 국산	특A 수입	I 국산	I 수입	II 국산	II 수입	III 국산	III 수입	경 국산	경 수입
1	1	후드	125	250	113	226	105	210	85	170	69	138	57	114	45	90
	2	프런트펜더	65	130	59	118	55	110	45	90	37	74	31	62	25	50
	3	도어[Fr]	95	190	86	172	80	160	65	130	53	106	44	88	35	70
	4	도어[Rr]	86	172	78	156	73	145	59	118	49	97	41	81	32	64
	5	트렁크리드	80	160	73	145	68	135	55	110	45	90	38	75	30	60
	6	라디에이터 써포트	50	100	46	91	43	85	35	70	29	58	25	49	20	40
2	7	쿼터패널 [리어펜더]	161	322	146	291	135	270	109	218	89	177	73	136	57	114
	8	루프패널	170	340	154	307	143	285	115	230	93	186	77	146	60	120
	9	사이드실패널	101	202	92	183	85	170	69	138	57	113	47	94	37	74
A	10	프런트패널	149	298	135	270	125	250	101	202	82	164	68	135	53	106
	11	크로스멤버 [용접부품]	80	160	73	145	68	135	55	110	45	90	38	75	30	60
	12	인사이드패널	110	220	100	199	93	185	75	150	61	122	51	101	40	80
	13	트렁크플로어	173	346	157	313	145	290	117	234	95	190	78	156	61	122
	14	리어패널	86	172	78	156	72,5	145	59	118	49	97	41	81	32	64
B	15	사이드멤버[Fr]	155	310	140	280	130	260	105	210	85	170	70	140	55	110
	16	사이드멤버[Rr]	131	262	119	237	110	220	89	178	73	145	60	120	47	94
	17	휠 하우스[Fr]	161	322	146	291	135	270	109	218	89	177	73	146	57	114
	18	휠 하우스[Rr]	134	268	122	243	113	225	91	182	74	148	61	122	48	96
	19	A 필러패널	137	274	124	248	115	230	93	186	76	151	63	125	49	98
	20	B 필러패널	131	262	119	237	110	220	89	178	73	145	60	120	47	94
	21	C 필러패널	125	250	113	226	105	210	85	170	69	138	57	228	45	90
	22	패키지트레이	155	310	140	280	130	260	105	210	85	170	70	140	55	110
C	23	대쉬 패널	137	274	124	248	115	230	93	186	76	151	63	125	49	98
	24	플로어 패널	103	367	99	351	95	335	86	299	77	263	68	227	59	191

라. 승합

랭크	NO	적용부위 / 차량등급	특B 국산	특B 수입	특A 국산	특A 수입
1	1	후드	47	235	42	210
	2	프런트펜더	35	175	30	150
	3	도어[Fr]	50	250	45	225
	4	도어[Rr]	47	235	42	210
	5	트렁크리드	40	200	35	175
	6	라디에이터써포트[볼트체결]	–		–	
2	7	쿼터패널[리어펜더]	90	450	85	425
	8	루프패널	141	705	136	680
	9	사이드실패널	39	195	34	170
A	10	프런트패널	70	350	65	325
	11	크로스멤버	27	135	22	110
	12	인사이드패널	49	245	44	220
	13	트렁크플로어	124	620	119	595
	14	리어패널	24	120	19	95
B	15	사이드멤버[Fr]	67	335	62	310
	16	사이드멤버[Rr]	87	435	82	410
	17	휠 하우스[Fr]	72	360	67	335
	18	휠 하우스[Rr]	35	175	30	150
	19	A 필러패널	61	305	56	280
	20	B 필러패널	57	285	52	260
	21	C 필러패널	53	265	48	240
C	22	대쉬 패널	43	215	38	190
	23	플로어 패널	63	315	58	290

마. 화물

랭크	NO	차량등급 / 적용부위	국산					수입				
			특C	특B	특A	I	경	특C	특B	특A	I	경
1	1	후드	37	34	30	25	23	185	170	150	125	115
	2	프런트펜더	33	25	21	16	13	165	125	105	80	65
	3	도어[Fr]	44	41	37	32	29	220	205	185	160	145
	4	도어[Rr]	43	41	37	32	29	215	205	185	160	145
	5	트렁크리드	–	–	–	–	–					
	6	라디에이터써포트 [볼트체결]	–	–	–	–	–					
2	7	쿼터패널 [리어펜더]	57	54	50	45	42	285	270	250	225	210
	8	루프패널	80	77	73	68	65	400	385	365	340	325
	9	사이드실패널	27	24	20	15	12	135	120	100	75	60
A	10	프런트패널	50	47	43	38	35	250	235	215	190	175
	11	크로스멤버	23	20	16	11	8	115	100	80	55	40
	12	인사이드패널	34	31	27	22	19	170	155	135	110	95
	13	트렁크플로어	–	–	–	–	–					
	14	리어패널	59	54	50	45	42	295	270	250	225	210
	15	사이드멤버[Fr]	67	64	60	55	52	335	320	300	275	260
	16	사이드멤버[Rr]	–	–	–	–	–					
B	17	휠 하우스[Fr]	42	39	35	32	29	210	195	175	160	145
	18	휠 하우스[Rr]	–	–	–	–	–					
	19	A 필러패널	50	47	43	38	35	250	235	215	190	175
	20	B 필러패널	59	56	52	47	39	295	280	260	235	195
	21	C 필러패널	62	59	55	50	47	310	295	275	250	235
	22	대쉬 패널	48	45	41	36	33	240	225	205	180	165
C	23	플로어 패널	67	64	60	55	52	335	320	300	275	260

[참고] 부위별 점검요령(성능점검 평가기준 준용)

1. 외판 부위

① 후드

- 육안으로 차량의 외관을 확인한다.
- 후드 고정 볼트 설치상태를 점검한다.
- 후드 실링 도포 상태가 일정한지를 점검한다.
- 후드 내부쪽 도장 퇴색 여부를 점검한다.
- 재도장 여부를 도막측정기를 사용하여 점검한다.

교환 평가 기준
– 고정 볼트가 풀린 흔적이 있거나 힌지와 패널의 색상이 다를 경우 – 실링 끝 부분 마무리가 정상과 다르게 된 경우(실링이 없는 경우) 　※ 비철금속의 경우 제외

② 프론트 펜더

- 육안으로 차량의 외관을 확인한다.
- 프론트 펜더와 인사이드 패널 브라켓과 결합상태를 점검한다.
- 도장 변색 상태, 라디에이터 코어 서포트와의 도장 상태 등을 확인 비교한다.
- 재도장 여부를 확인한다.

교 환	용 접
– 도장여부와 관계없이 체결볼트 모두 풀린 흔적이 있는 경우 – 각 연결부에 실링 자국이 정상적이지 않은 경우	– 도막측정기나 육안으로 도장상태를 점검하여 원상태가 아니고 판금 수리 흔적이 있는 경우

③ 도어

- 육안으로 차량의 외관을 확인한다.
- 도어와 펜더 사이의 간격이 일정한지 확인한다.
- 도어 자체가 찌그러지거나 긁혔거나, 수리여부를 확인한다.
- 도어 캐치 부분에 플라스틱 고정핀 등이 정상적으로 설치되어 있는가 확인한다.
- 재도장 여부를 확인한다.

⊙ 도어 실링 상태가 일정한지 확인한다.

교 환	용 접
– 도어 자체를 교환한 경우	– 재도장 또는 부분도장을 한 경우

④ 트렁크 리드

⊙ 육안으로 차량의 외관을 확인한다.

⊙ 고정 볼트에 풀린 자국이 있거나 트렁크리드 실링 상태, 재실링 여부를 확인한다.

⊙ 리어 펜더와 리어엔드 패널의 판금수리, 교환 여부를 확인한다.

⊙ 트렁크 플로어, 리어사이드 멤버의 판금수리, 교환 여부를 확인한다.

⊙ 트렁크 리드 고정 볼트의 풀림 여부를 확인한다.

⊙ 재도장 여부를 확인한다. (도막 측정기 사용)

교 환	용 접
– 실링이 없거나 재실링한 경우	– 부분 도장, 판금 수리, 재도장만 한 경우

⑤ 라디에이터 서포트 패널

⊙ 육안으로 차량의 외관을 확인한다.

⊙ 라디에이터 코어 서포트와 크로스 멤버의 고정 볼트가 풀린 흔적이 있는지 확인한다.

⊙ 점용접 상태를 점검하여 자연스럽고 매끄럽게 용접이 되어 있는가 확인한다.

⊙ 볼트로 고정되어 있는 방식도 있으므로 볼트 고정상태와 도장상태를 확인한다.

⊙ 라디에이터 서포트의 재도장 여부를 확인한다.

⊙ 프론트 패널 전체가 교환되었으면 점용접이 되어 있으므로 프론트패널 교환 여부를 확인한다.

교 환	용 접
– 아크 용접자국이 있거나 재도장된 경우	

⑥ 쿼터패널

◎ 육안으로 차량의 외관을 확인한다.

◎ 트렁크리드를 열고 뒤 펜더와 연결된 뒤 휠 하우스와 쿼터패널(뒤 펜더) 연결부분의 점용접 자국과 실리콘 상태를 확인한다.

◎ 리어 펜더 판금상태와 뒤 바퀴 안쪽 패널의 부식상태도 점검한다.

◎ 쿼터 패널과 C필러 연결부분의 웨더스트립을 탈거, 점용접을 확인한다.

교 환	용 접
– 용접작업 후 그라인더로 갈아낸 자국이 있는 경우 – 재용접 흔적이 있는 경우	– 부분도장, 판금수리, 재도장만 한 경우

⑦ 루프패널

◎ 육안으로 차량의 외관을 확인한다.

◎ 루프 패널은 긁혔거나 찌그러졌는가 등을 점검한다.

◎ 유리 몰딩 등이 잘 부착되었는가를 점검해야 한다.

◎ 루프와 필러 연결 부분의 점용접이 정상적인지 점검한다.

◎ 필러와 접합 부위의 수리 흔적을 확인한다.

◎ 트립 레일 부분의 점용접 상태와 실링 상태를 확인한다.

교 환	용 접
– 용접작업 후 그라인더로 갈아낸 자국이 있는 경우 – 재용접 흔적이 있는 경우	– 부분도장, 판금수리, 재도장만 한 경우

⑧ 사이드실 패널

◎ 육안으로 차량의 외관을 확인한다.

◎ 사이드실 패널은 도어 아래 부분을 말하며 점용접 자국이나 전기용접으로 수리한 흔적이 남아 있는가 점검한다.

◎ 사이드실 패널은 점용접이 선명하고 균일한 지 여부를 점검한다.

◎ 사이드실 패널에 재용접 흔적이 있으면 교한한 것으로 본다

※ 일부 차량을 보면 사이드실 패널은 신품 스태프가니쉬, 몰딩 등으로 덧 씌우기를 하는 경우가 있으므로 유의하여 확인한다.

교 환	용 접
– 점용접상태가 선명치 않고 실링도포 상태가 불균일한 경우 – 재용접 흔적이 있는 경우	– 부분도장, 판금수리, 재도장만 한 경우

⑨ **프론트 패널**

◉ 육안으로 차량의 외관을 확인한다.

◉ 위 부분은 자동차 앞부분을 구성하는 부분으로 라디에이터, 헤드라이트, 앞 범퍼의 고정레일, 에어컨 콘덴서 등이 설치되는 부분이다.

◉ 아래 부분은 현가장치가 설치되는 부분으로 사이드 멤버, 엔진, 변속기의 하중 분담, 앞 범퍼의 지지 등 프론트 크로스 멤버와 같은 작용을 한다.

◉ 프론트 패널 이음부의 원형변형 여부, 판금용접 여부를 점검한다.

◉ 인접한 패널을 교환했을 경우 프론트 패널의 교환여부를 검사해야 한다.

교 환	용 접
– 재용접 흔적이 있는 경우	– 판금, 용접한 것으로 확인될 경우

⑩ **크로스멤버**

◉ 육안으로 차량의 외관을 확인한다.

◉ 현가장치나 변속기 등 동력전달장치가 설치되는 가로(횡) 방향 지지대를 말한다.

◉ 크로스 멤버는 앞부분과 중앙부분, 뒷 부분에 있는 멤버로 구분한다.

◉ 프론트 패널 아래 부분의 프론트 크로스 멤버 연결부분을 검사한다.

◉ 현가장치나 변속장치를 분리한 흔적이 있으면 사이드멤버 교환가능성이 있다.

◉ 크로스 멤버가 판금, 용접된 것으로 확인될 경우 사고의 자동차로 분류할 수 있다.

교 환	용 접
– 재용접 흔적이 있는 경우	– 판금, 용접한 것으로 확인될 경우

⑪ **인사이드 패널**

◉ 육안으로 차량의 외관을 확인한다.

◉ 좌, 우측 프론트 휠 하우스의 도장 상태와 점용접 상태를 점검한다.

◉ 좌, 우측 프론트 휠 하우스의 실링 상태를 점검한다.

○ 좌, 우측 프론트 휠 하우스의 판금 여부를 점검한다.

○ 대쉬 패널과 용접 상태를 점검한다.

교 환	용 접
– 재용접 흔적이 있는 경우	– 판금, 용접한 것으로 확인될 경우

⑫ **사이드멤버**

○ 육안으로 차량의 외관을 확인한다.

○ 사이드 멤버 변형상태와 용접작업의 흔적이 있는지 점검한다.

○ 양쪽 크로스 멤버가 교환 되었는가 점검한다.

○ 사이드 멤버 연결 부위에 재용접 흔적이 있는가 점검한다.

교 환	용 접
– 재용접 흔적이 있는 경우 – 인접한 패널교환시 사이드 멤버도 교환 　가능성이 높음	– 판금, 용접한 것으로 확인될 경우

⑬ **휠 하우스(프론트)**

○ 육안으로 차량의 외관을 확인한다.

○ 좌, 우측 프론트 휠 하우스의 도장 상태와 점용접 상태를 점검한다.

○ 좌, 우측 프론트 휠 하우스의 실링상태를 점검한다.

○ 좌, 우측 프론트 휠 하우스의 판금 여부를 점검한다.

○ 대쉬 패널과 용접상태를 점검한다.

교 환	용 접
– 재용접 흔적이 있는 경우	– 판금, 용접한 것으로 확인될 경우

⑭ **휠 하우스(리어)**

○ 육안으로 차량의 외관을 확인한다.

○ 인접한 리어 펜더와 패널의 교환 여부를 점검한다.

○ 리어 휠 하우스 판금 상태를 점검한다.

○ 리어 휠 하우스에 언더 코팅, 점용접이 있는지 점검한다.

○ 재용접 흔적이 있는지를 점검한다.

○ 리어 휠 하우스와 트렁크 리드 높이가 일정한지 점검한다.

교 환	용 접
– 재용접 흔적이 있는 경우	– 판금, 용접한 것으로 확인될 경우

⑮ 필러(A, B, C)

- 육안으로 차량의 외관을 확인한다.
- 필러와 사이드실의 웨더 스트립 부착상태를 확인한다.
- 도어와 펜더 사이의 간격이 일정한지 여부를 점검한다.
- 도어 힌지 부분의 작업 흔적이 있는지 점검한다.
- 사이드 실 하단 부분에 점용접 상태가 정상적인지 점검한다.
- 필러 패널 판금 여부를 점검한다.

교 환	용 접
– 재용접 흔적이 있는 경우	– 판금, 용접한 것으로 확인될 경우

⑯ 대쉬패널

- 육안으로 차량의 외관을 확인한다.
- 차대각자 상태를 점검한다.
- 대쉬패널의 전면 방음판(인슐레이션)의 부착상태를 점검한다.
- 대쉬패널의 외부도장과 출고 시 제품들의 도색상태가 동일한지 점검한다.
- 실링 상태가 자연스럽게 도포되었는지 점검한다.
- 대쉬패널의 판금상태를 점검한다.

교 환	용 접
– 재용접 흔적이 있는 경우	– 판금, 용접한 것으로 확인될 경우

⑰ 플로어 패널

- 육안으로 차량의 외관을 확인한다.
- 플로어패널 접합부분의 용접 작업 상태를 점검한다.
- 플로어패널 접합부분의 실링 작업 상태를 점검한다.
- 좌, 우 사이드 필러, 휠 하우스 등의 접합부분 작업흔적 여부를 점검한다.
- 플로어 패널 언더코팅 상태를 점검한다.

◎ 플로어 패널의 판금 여부를 점검한다.

교 환	용 접
– 재용접 흔적이 있는 경우	– 판금, 용접한 것으로 확인될 경우

⑱ 트렁크 플로어

◎ 육안으로 차량의 외관을 확인한다.

◎ 트렁크 플로어의 실링 상태를 점검한다.

◎ 트렁크 플로어의 점용접 상태를 점검한다.

◎ 차량 바닥부분의 언더 코팅 상태를 점검한다.

◎ 트렁크 플로어의 판금 여부를 점검한다.

◎ 사고시 인접 패널과 교환이 동시에 이루어지므로 용접상태를 점검한다.

교 환	용 접
– 재용접 흔적이 있는 경우	– 판금, 용접한 것으로 확인될 경우

⑲ 리어패널

◎ 육안으로 차량의 외관을 확인한다.

◎ 트렁크 힌지와 몰딩류, 뒤 범퍼, 번호판 봉인상태를 점검한다.

◎ 리어 패널 부분의 도장상태를 점검한다.

◎ 각종 램프류의 파손 및 부착 상태를 점검한다.

◎ 리어패널과 램프 서포트 패널이 연결되는 부분의 점용접 상태를 점검한다.

◎ 트렁크 플로어와 리어펜더, 트렁크 리드가 교환될 경우 리어패널도 교환되는 경우가 많으므로 확인한다.

교 환	용 접
– 재용접 흔적이 있는 경우	– 판금, 용접한 것으로 확인될 경우

제23조 (수리필요 상태표시)

평가차량의 외장, 휠, 타이어, 유리 상태를 표준상태의 차량과 비교하여 수리필요 부위의 외부에 복합부호와 감점액으로 표기한다. 단 내장, 광택, 룸크리닝, 비상용타이어의 상태는 감점액만 해당란에 표기한다.

1. 수리필요 복합부호 표시

(1) 수리필요 상태표시 부호

   가. 긁힘 : A

   나. 찌그러짐 : U

   다. 부식 : C

   라. 깨짐 : T

(2) 수리필요 결과표시 부호

   가. 가치감가 : R

   나. 도장 : P

   다. 교환 : X

예 AR5 : '긁힘'으로 '가치감가' 5점 감점 표시

2. 수리필요 판단기준

평가기호	적용기준
A (abrasion)	스크래치, 흠집, 변색, 마모 상태, [유리] 별모양 등
U (unevenness)	찌그러진 상태 등
C (corrosion)	부식, 수분 등으로 인하여 금속 고유의 형질이 변형된 상태
T (tear)	깨짐, 찢어짐, 균열, 변형 등
R (Reduction)	기능에 영향이 없고, 통상 수리에 의하지 않아도 될 정도의 손상 또는 결점 등에 대해서 적용
P (Paint)	외판 패널, 주요골격의 찌그러짐, 충격 상태로 판금, 보수도장 등이 필요한 경우에 적용
X (eXchange)	깨짐, 균열, 손상, 부식 등으로 교환이 필요한 경우에 적용

제24조 (외장 상태 평가)

평가차량의 외장상태 부위의 손상은 다음과 같이 감점 평가한다.

1. 수리필요 감가액 산출공식

> 감가액 = 감점계수 × 등급계수 × 사용년 계수

※ 단, 2항의 가호, 나호의 교환인 경우 다음과 같이 감점 평가한다.

> 감가액 = 감가계수 × 사용년 계수

2. 적용부위별 평가기준 및 감점계수

가. 외판 [1랭크, 2랭크]

평가기준	평가	감점계수	
		국산	수입
① 신용카드 길이 미만의 흠집(긁힘) 상태 ② 동전 크기 미만의 찌그러진 상태 ③ 동전 크기 미만의 부식된 상태 ※ 한 부위에 위 상태가 3곳 이상인 경우 도장으로 평가한다. 　(단, 3곳 미만인 경우 1곳으로 적용한다.)	가치감가	5	10
① 신용카드 길이 이상의 흠집(긁힘) ② 동전 크기 이상 신용카드 크기 미만의 찌그러진 상태 ③ 동전 크기 이상 신용카드 크기 미만의 부식된 상태	도장	10	20
① 신용카드 크기 이상의 찌그러진 상태 ② 신용카드 크기 이상의 부식된 상태	교환	제22조5호의 감가계수 적용	

※ 동전 크기는 지름 3cm 정도, 신용카드 크기는 (폭) 5cm × (길이) 10cm 정도로 한다.
※ 적용방법 : 흠집(긁힘)의 경우 길이만을 적용하고, 그 외의 경우에는 면적을 기준으로 적용한다.

나. 주요 골격 상태 평가[A랭크, B랭크, C랭크]

평가기준	평가	감점계수	
		국산	수입
① 찌그러짐[충격]으로 원상복구가 가능한 상태로 수리가 필요하지는 않은 상태	가치감가	10	20
② 신용카드 크기 미만의 하체 부식, 전체적으로 초기의 부식 상태로 언더코팅으로 부식 방지 가능한 상태 ※ 한 부위에 위 상태가 3곳 이상인 경우 교환으로 평가한다. 　(단, 3곳 미만인 경우 1곳으로 적용한다.)	가치감가	15	30
③ 신용카드 크기 이상의 하체 부식[구멍, 박리]으로 원상복구가 불가능한 상태	교환	제22조 5호의 감가계수 적용	

다. 기타

1) 범퍼

평가기준	평가	감점계수	
		국산	수입
① 신용카드 길이 미만의 흠집(긁힘) 상태 ② 동전 크기 미만의 찌그러진 상태 ③ 동전 크기 미만의 부식, 균열된 상태	가치감가	5	10
① 신용카드 길이 이상의 흠집(긁힘) ② 동전 크기 이상 신용카드 크기 미만의 찌그러진 상태 ③ 동전 크기 이상 신용카드 크기 미만의 부식, 균열된 상태	도장	10	20
① 신용카드 크기 이상의 찌그러진 상태 ② 신용카드 크기 이상의 부식, 균열된 상태	교환	30	210

2) 사이드미러

평가기준	평가	감점계수	
		국산	수입
가벼운 마찰흠집 등 원상복구가 가능한 상태	가치감가	5	10
균열, 변형 등 손상이 있는 경우	교환	10	100

3) 헤드램프

평가기준	평가	감점계수	
		국산	수입
① 가벼운 마찰흠집 등 원상복구가 가능한 상태	가치감가	10	20
② 균열, 변형 등 손상이 있는 경우	교환	15	150

4) 리어 콤비네이션 램프

평가기준	평가	감점계수	
		국산	수입
① 가벼운 마찰흠집 등 교환하지 않아도 된다고 판단되는 경우	가치감가	5	10
② 균열, 변형 등 손상이 있는 경우	교환	10	100

제25조 (내장 상태 평가)

평가차량의 상태를 표준상태와 비교하여 적용부품별로 깨짐, 찢어짐, 균열, 손상, 소실 등으로 교환이 필요한 경우에는 다음과 같이 감점 평가 한다.

1. 감점 산출 공식

> 감점계수 × 등급계수 × 사용년 계수

2. 감점계수표

주요내장부품	감점계수	
	국산	수입
불량	50	100

대시보드, 시트, 바닥내부, 천장내부, 도어내부 교환 필요

제26조 (휠 상태 평가)

평가차량의 휠의 상태가 교환할 것인지의 여부에 따라 다음과 같이 감점 평가한다.

1. 감점 산출 공식

> ① 가치감가 : 감점계수 × 사용년 계수
> ② 교환 : 감점계수

2. 평가 기준

평가기준	평가
① 가벼운 마찰흠집 등 통상 교환하지 않아도 된다고 판단되는 상태의 경우	가치감가
① 부식 등으로 교환이 필요한 경우 ② 균열, 변형 등 결함이 있는 경우	교환

3. 차종별 감점계수표

가. 승용

상태 휠 구분(등급)	가치감가		교환	
	국산	수입	국산	수입
특A .특B. 특C	22	30	26	60
Ⅰ. Ⅱ	18	25	22	50
Ⅲ. 경	14	20	18	40

나. SUV. RV

상태 휠 구분(등급)	가치감가		교환	
	국산	수입	국산	수입
특A. 특B. 특C	24	30	30	80
Ⅰ. Ⅱ	20	25	26	60
Ⅲ. 경	16	20	22	50

다. 화물차·승합

상태 휠 구분(등급)	가치감가		교환	
	국산	수입	국산	수입
특A, 특B, 특C	–		24	
Ⅰ	–	미적용	20	미적용
Ⅱ	–		16	
Ⅲ, 경	–		12	

제27조 (타이어 상태평가)

평가차량의 타이어는 다음과 같이 감점 평가한다.

1. 감점 산출 공식

> ① 가치감가 : 감점계수 × 사용년 계수
> ② 교환 : 감점계수

2. 평가 기준

평가기준	평가
① 트레이드 남은 홈 깊이가 5mm(50% 정도) 이하, 운행이 가능한 상태로 교환하지 않아도 된다고 판단되는 상태	가치감가
② 트레이드 남은 홈 깊이가 1.6mm 이하의 상태로 운행이 불가능한 상태 ※ 균열, 측면 마모, 토우 마모 등 편 마모인 것은 남은 홈에 관계없이 1.6mm 미만의 감점을 한다.	교환

3. 차종별 감점계수

가. 승용형

타이어 구분 (등급)	가치감가		교환			
	남은 홈 [5mm 이하]		편마모 / 남은 홈 [1.6mm 이하]		비상용 결품 (스페어, 템퍼러리, SST)	
	국산	수입	국산	수입	국산	수입
특A, 특B, 특C	25	50	30	60	15	30
I, II	20	40	25	50	13	25
III, 경	15	30	20	40	10	20

나. SUV형 · RV형

타이어 구분 (등급)	가치감가 남은 홈 [5mm 이하]		교환 편마모 / 남은 홈 [1.6mm 이하]		교환 비상용 결품 (스페어, 템퍼러리, SST)	
	국산	수입	국산	수입	국산	수입
특A, 특B, 특C	35	70	40	80	20	40
I, II	25	50	30	60	15	30
III, 경	20	40	25	50	13	25

다. 화물형 · 승합형

타이어 구분 (등급)	가치감가 남은 홈 [5mm 이하]		교환 편마모 / 남은 홈 [1.6mm 이하]		교환 비상용 결품 (스페어, 템퍼러리, SST)
	국산	수입	국산	수입	
특A, 특B, 특C	35		40		20
I	25	미적용	30	미적용	15
II	20		25		13
III, 경	15		20		10

제28조 (유리 상태 평가)

평가차량의 상태를 표준상태와 비교하여 다음과 같이 감점 평가한다.

1. 감점 산출 공식

> ① 가치감가 : 감점계수 × 사용년 계수
> ② 교환 : 감점계수

2. 감점기준 및 계수

평가기준	평가기호	감점계수	
		국산	수입
① 가벼운 마찰흠집 등 상 거래상 교환하지 않아도 된다고 판단되는 상태 [별 모양 1곳]	가치감가	15	100
② 균열, 변형 등 결함이 있는 경우	교환	30	200

제29조 (광택 평가)

평가차량의 상태를 표준상태와 비교하여 다음과 같이 감점 평가한다.

1. 감점 산출 공식

> 감점계수 × 등급계수 × 사용년 계수

2. 감점 계수표

평가기준	감점계수	
	국산	수입
① 변·퇴색이 없고 터치업을 요하지 않는 것으로 손톱으로 긁어 걸리지 않을 정도의 스쳐 생긴 손상 또는 타르의 부착, 물때의 오염이 있는 경우 평가차량 단위로 감점한다.	10	20

제30조 (룸 크리닝 평가)

평가차량의 상태를 표준상태와 비교하여 다음과 같이 감점 평가한다.

1. 감점 산출 공식

> 감점계수 × 등급계수 × 사용년 계수

2. 감점계수표

평가기준	감점계수	
	국산	수입
① 수지제 부분의 가벼운 상처, 실, 테이프 등의 흔적이 있거나, 담배, 애완견 등에 의한 냄새가 있는 경우로서 평가차량 단위로 감점한다.	15	30

Ⅳ. 자동차 세부상태

제31조 (주요장치 성능평가)

자동차 세부상태 란의 주요장치 성능상태를 점검하여 항목/해당부품별 감점계수표에 따라 평가한다.

1. 주요장치 상태별 구분 표시

　가. 양호 : 차량상태 점검결과 양호한 상태로 감점하지 않는다.

　나. 보통 : 차량상태 점검결과 부품 노후로 인한 현상은 가치감가를 적용한다.(미세 누수(유) 등) 단, 사용년 8년 이상 또는 주행거리 15만km 이상 차량은 감점하지 않는다.

　다. 불량 : 차량상태 점검결과 부품 교환 등 수리가 필요한 상태

　　　　(정비요, 과다, 부족 등)

2. 주요장치 항목/해당부품별 감가액 산출 공식

> 주요장치 항목/해당부품별 감점계수 × 사용년 계수

　가. 주요장치 항목 / 해당 부품별 감점계수 : 제3호의 주요장치 항목/해당부품별 감점계수

　나. 사용년 계수 : 제8조의 사용년 계수를 적용

3. 주요장치 항목/해당부품별 감점 계수표

주요장치	항목/해당부품		보통 공통		불량 특C특B		특A		I		II		III		경	
			국산	수입	국산	수입	국산	수입	국산	수입	국산	수입	국산	수입	국산	수입
자기진단	원동기		-	-	40	120	40	120	30	90	25	75	25	75	25	75
	변속기		-	-	60	180	60	180	50	150	50	150	50	150	40	120
원동기	작동상태(공회전)		-	-	300	900	200	600	150	450	120	360	120	360	120	360
	오일누유	실린더 커버 (로커암 커버)	5	20	40	120	30	90	20	60	20	60	20	60	20	60
		실린더 헤드 / 개스킷	10	30	80	240	80	240	60	180	50	150	40	120	40	120
		실린더 블록 / 오일팬	5	20	30	90	30	90	20	60	20	60	20	60	20	60
	오일 유량		-	-	40	120	40	120	30	90	30	90	30	90	30	90
	냉각수누수	실린더 헤드 / 가스켓	10	30	80	240	80	240	60	180	60	180	50	150	50	150
		워터펌프	10	30	60	180	50	150	40	120	40	120	40	120	35	105
		라디에이터	-	-	60	180	50	150	40	120	40	120	40	120	35	105
		냉각수 수량	-	-	50	150	40	120	30	90	30	90	30	90	30	90
	커먼레일		-	-	120	360	120	360	120	360	120	360	120	360	-	-
변속기	자동변속기 (A/T)	오일 누유	10	30	50	150	40	120	30	90	30	90	30	90	30	90
		오일 유량 및 상태	-	-	30	90	25	75	20	60	20	60	20	60	20	60
		작동상태(공회전)	-	-	200	600	150	450	120	360	120	360	110	330	100	300
	수동변속기 (M/T)	오일 누유	10	30	50	150	40	120	30	90	30	90	30	90	30	90
		기어변속장치	-	-	200	600	150	450	120	360	120	360	110	330	100	300
		오일 유량 및 상태	-	-	30	90	25	75	20	60	20	60	20	60	20	60
		작동상태(공회전)	-	-	200	600	150	450	120	360	120	360	110	330	100	300
동력전달	작동상태	클러치 어셈블리	-	-	50	150	40	120	40	120	40	120	40	120	30	90
		등속조인트	-	-	30	90	25	75	20	60	20	60	20	60	20	60
		추진축 및 베어링			40	120	35	105	30	90	30	90	30	90	30	90
		디퍼렌셜 기어			50	150	50	150	50	150	50	150	50	150	50	150

주요 장치	항목/해당부품		보통 공통		불　량									
					특C특B		특A		I		II		III		경	
			국산	수입	국산	수입	국산	수입	국산	수입	국산	수입	국산	수입	국산	수입
조향	동력조향 작동 오일 누유		10	30	120	360	120	360	120	360	100	300	100	300	90	270
	작동 상태	스티어링 펌프	-	-	50	150	40	120	35	105	30	90	30	90	25	75
		스티어링기어(MDPS포함)	-	-	120	360	120	360	120	360	100	300	100	300	90	270
		스티어링조인트			50	150	40	120	35	105	30	90	30	90	25	75
		파워고압호스			40	120	30	90	20	60	20	60	20	60	20	60
		타이로드엔드 및 볼 조인트			40	120	30	90	20	60	20	60	20	60	20	60
제동	브레이크 마스터 실린더오일 누유		-	-	40	120	40	120	40	120	35	105	30	90	30	90
	브레이크 오일 누유		-	-	30	90	30	90	30	90	30	90	25	75	20	60
	배력장치 상태		-	-	60	180	60	180	60	180	50	150	40	120	35	105
전기	발전기 출력		-	-	30	90	30	90	30	90	25	75	25	75	25	75
	시동 모터		-	-	30	90	30	90	30	90	25	75	25	75	25	75
	와이퍼 모터 기능		-	-	20	60	20	60	20	60	20	60	20	60	20	60
	실내송풍 모터		-	-	40	120	40	120	40	120	35	105	35	105	35	105
	라디에이터 팬 모터		-	-	30	90	30	90	30	90	30	90	30	90	30	90
	윈도우 모터		-	-	20	60	20	60	20	60	20	60	20	60	20	60
고전원 전기 장치	충전구 절연상태				100	200	100	200	100	200	100	200	100	200	100	200
	구동축전지격리상태				300	500	300	500	300	500	300	500	300	500	300	500
	고전원전기배선 상태 (접속단자,피복,보호기구)				100	200	100	200	100	200	100	200	100	200	100	200
연료	연료누출 (LP가스포함)				160	480	120	360	100	300	80	240	80	240	60	180

※ 주요장치 진단평가 요령

1 원동기

1. 오일누유(로커암 커버)

- ◉ 차량을 충분히 워밍업 시킨 이후에 누유 부위 여부 점검
- ◉ 엔진이 충분히 가열된 상태에서 작업등을 이용하여 면밀하게 누유 부분 체크(실린더헤드 로커암 커버부위, 캠축 리테이너 부위, VVT밸브 장착부위)
- ※ 깨끗하게 엔진세차를 하고 점검장에 입고하는 경우 세심하게 점검
- ※ 오일 팬 및 실린더 헤드 커버가스켓(로커암커버)에서 엔진오일 누유 흔적이 발견되면 미세누유
- ※ 크랭크축 풀리 및 플라이휠 리테이너와 회전부분의 엔진오일 누유흔적은 누유 표기요망

2. 오일누유(오일팬)

- ◉ 차량을 충분히 워밍업 시킨 이후에 누유 부위 여부 점검
- ◉ 엔진이 충분히 가열된 상태에서 작업등을 이용하여 면밀하게 누유 부분 체크 (오일팬, 프론트케이스 커버, 플라이 휠 등)
- ※ 깨끗하게 엔진세차를 하고 점검장에 입고하는 경우 세심하게 점검
- ※ 오일 팬 및 실린더 헤드 커버가스켓(로커암커버)에서 엔진오일 누유 흔적이 발견되면 미세누유
- ※ 크랭크축 풀리 및 플라이휠 리테이너와 회전부분의 엔진오일 누유흔적은 누유 표기요망

3. 오일오염 및 유량

- ◉ 차량을 충분히 워밍업 시킨 이후 평탄한 면에 주차 후 시동을 끈다.
- ◉ 오일을 묻힌 흰색 천 등에 빛을 쬐어 금속가루 유무를 점검한다.
- ◉ 오일을 묻힌 흰색 천 등에 빛을 쬐어 엔지오일 오염여부를 점검한다.
- ◉ 오일레벨 게이지로 다시 재측정하여 게이지 상부 표시점(H)과 하부 표시점(L) 사이 중간부근에 엔진오일이 있는지 확인한다.
- ※ 실린더 헤드 및 실린더 블록에서 오일누유 흔적이 없음에도 오일유량이 부족하다면 피스톤 오일링, 압축링이 좋지 않아 연소실로 유입되어 연소 소모하는 경우가 있음.

4. 냉각수 누수(실린더 블록)

- 차량을 충분히 워밍업 시킨 이후 공회전 상태로 리프트에 공회전상태로 차량을 올린다.
- 엔진 공회전 상태에서 후드를 연다.
- 작업등으로 비추면서 실린더 블록 부위(서머스타트 하우징 등) 의 누수 흔적을 점검한다.
- 공회전 상태로 차량을 리프트로 들어 올린다.
- 작업 등으로 비추면서 차량 하체에서 실린더 블록 부위의 누수 흔적을 점검한다.

※ 만약 발전기(generator)근처에서 새고 있으면 발전기까지 고장 날 수 있으므로 "의견란에 정비요"를 체크한다.

5. 냉각수 누수(실린더 헤드 / 가스켓)

- 차량을 충분히 워밍업 시킨 이후 공회전 상태로 리프트에 공회전상태로 차량을 올린다.
- 엔진 공회전 상태에서 후드를 연다.
- 작업등으로 비추면서 실린더 헤드 및 가스켓 부근의 누수 흔적을 점검한다.

6. 냉각수 누수(워터펌프)

- 차량을 충분히 워밍업 시킨 이후 공회전 상태로 리프트에 공회전상태로 차량을 올린다.
- 엔진 공회전 상태에서 후드를 연다.
- 작업등으로 비추면서 워터펌프의 누수 흔적을 점검한다.
- 공회전 상태로 차량을 리프트로 들어 올린다.
- 작업등으로 비추면서 차량 하체에서 워터펌프 부위의 누수 흔적을 점검한다.

7. 냉각수 누수(냉각쿨러 / 라디에이터)

- 차량을 충분히 워밍업 시킨 이후 공회전 상태로 리프트에 공회전상태로 차량을 올린다.
- 엔진 공회전 상태에서 후드를 연다.
- 작업등으로 비추면서 냉각쿨러/ 라디에이터의 누수 흔적을 점검한다.
- 공회전 상태로 차량을 리프트로 들어 올린다.

◎ 작업등으로 비추면서 차량 하체에서 냉각쿨러 / 라디에이터 부위의 누수 흔적을 점검한다.

8. 냉각수 오염 및 수량

◎ 엔진이 뜨거울 때 라디에이터 캡을 열면 증기나 뜨거운 물이 뿜어 나와 위험하므로 냉각수 온도가 떨어진 후에 천(수건)으로 싸고 캡을 두 단계로 나눠서 천천히 조심스럽게 연다.

◎ 엔진 공회전 상태에서 냉각수 보조탱크 및 냉각수 호스부위를 작업등으로 비추면서 누수의 흔적을 체크한다.

◎ 라디에이터 캡을 열고 수량이 충분한지 여부를 확인한다.

◎ 온도게이지를 통해 엔진 과열 여부를 확인한다.

◎ 냉각수의 기름성분 유무 및 비중계를 통한 냉각수의 상태를 확인한다.

※ 냉각수가 없는 상태로 운전시 워터펌프의 고장 및 엔진 고착 등의 원인이 되므로 정확한 점검을 해야 한다.

9. 작동상태(공회전)

◎ 자동차 엔진을 워밍업 이후 공회전으로 유지한다.

◎ 자동차 계기판을 통해 공회전 상태가 750~800rpm 근처에서 부조없이 균일한지 확인

◎ 회전수의 변동이 균일하고 고른 진동, 떨림, 불규칙성이 있는지 확인

◎ 작동 기계음(이음, 타음이 발생되는지)

  - 이음 : 기계가 서로 접촉하면서 비벼지는 음

  - 타음 : 기계가 서로 접촉하면서 유격 또는 충격으로 때리는 소음

◎ 엔진을 급가속을 한 후 가속페달을 놓는다.

  (엔진 회전이 급격히 상승하였다가 정상적으로 공회전 상태로 자리를 잡는지 확인한다.)

◎ 급가속 이후 노킹 소음, 메탈소음 발생 유무를 확인한다.

◎ 엔진을 2,000~3,000rpm사이에 고정시킨 후 이음 및 타음 등 이상음이 발생하는지 확인한다. 한번으로 알 수 없을 때는 3회 이상 유무를 확인, 기록한다.

10. 고압펌프

- 시동을 걸고 스캐너를 연결한다.
- 서비스 데이터 항목의 목표압력과 레일압력 값을 동시에 볼 수 있게 조치한다.
- 급 가속하였을 때 두 서비스데이터 항목의 압력의 차이가 100bar이상 차이 나면 연료계통 압력 저하로 기록해야 한다.
- 자기진단 DTC코드 또는 경고등 표출시 고압펌프 고장 의심 기록 한다.

※ 엔진 회전수 별 적정레일압 미만, 엔진 회전수에 따른 압력조절밸브, 최대유량 공급상태에서 레일 압력 실제값이 목표값 대비 일정 이하일 때 나옴

※ 250bar이면 추정원인은 여러 가지지만 연료 과다 누유, 저압, 고압펌프 마모손상 등을 의심할 수 있다.

11. 자기진단

- 자기 진단기를 자기진단 터미널(커넥터)에 연결한다.
- 초기 화면에서 차량진단 기능을 선택한다.
- 자동차 메이커별 차량을 선택한다.
- 엔진을 선택하여 자기진단 모드를 준비한다.
- 자기진단 결과 중 고장코드 여부를 확인한다.
- 고장코드 발생 시 자기 진단기 지시대로 시동을 끄고 자동차 키만 ON상태로 두고 기억을 소거하거나, 시동을 끄고 배터리 마이너스(−) 단자를 탈거 한 후 기억을 소거한다.
- 기억 소거 후 재시동하여 다시 자기진단 코드가 발생시 이를 기록한다.

2 변속기

1. 오일 누유

- 자동변속기(A/T)
  - 실제 주행한 이후 자동변속기가 충분히 온도가 상승된 상태에서 점검한다.(ATF 정상온도)
  - 차를 리프트에 올린다.
  - 변속기 오일의 누유부위(오일 팬, 쿨러, 쿨러파이프, 리테이너 부위 등)를 정밀 확인하여 기록한다.

◉ 수동변속기(M/T)

- 엔진을 충분히 난기 운전 상태를 유지시킨다.
- 차량을 리프트에 올린다.
- 작업등을 설치하여 변속기 및 클러치 하우징, 오일팬 가스켓, 시프트포크 리테이너, 출력축 리테이너 부위 누유를 정밀하게 점검한다.

2. 오일 오염 및 유량

◉ 자동변속기(A/T)

- 평탄한 도로에서 충분한 난기 운전을 한다
- 스캐너로 트랜스 액슬 유온 85℃ 여부 확인 (ATF정상온도 매우 중요)
- 평탄한 위치에서 주차 브레이크 채운다.
- 변속레버로 각 단 왕복 2~3회 선택한 후 "P"위치에 놓는다.
- 시동이 걸린 상태에서 레벨게이지로 유량을 확인한다.
- 하얀 천에 오일을 묻혀 색깔 및 금속가루 유무를 확인한다.

◉ 수동변속기(M/T)

- 엔진을 충분히 난기 운전 상태를 유지시킨다.
- 차량을 리프트에 올린다.
- 변속기 오일레벨 게이지가 있는 차종은 오일레벨 게이지로 오일 유량을 점검한다.
- 변속기 오일레벨 게이지가 없는 차종은 드리븐 기어나 미션오일 코크를 조심스럽게 풀어서 오일 유량을 점검한다.
- 오일을 찍어 하얀 천에 묻히고 빛을 쪼이면서 오일의 점도, 금속 가루 유무, 오일 색깔, 거품 등의 오염여부를 확인하여 기록한다.

3. 작동상태

◉ 자동변속기(A/T)

- 난기 운전 후 평탄한 노면에 주차시킨다.
- 스캐너로 TM 유온85℃ 여부 확인
- 변속레버로 각 단 왕복 2~3회 선택한 후 "N"에 위치한다.
- 변속레버를 "N"에서 "D"나 "R"로 변속한 순간부터 시트를 통한 미세진동(충격)을 느끼기까지의 지연시간을 확인한다.
- 가속하면서 변속레버를 "중립"에서 각 단으로 변속시 변속이 양호한지 확인한다.

- 1초 이상 걸리면 변속기 내부 슬립 의심과 정비가 필요(한계 규정은 각 차종별 규정값 참조)

  ◎ 수동변속기(M/T)
  - 난기 운전 후 차량을 리프트에 올린다.
  - 리프트로 차량을 들어 훑린다(바퀴가 공중에 뜬 상태)
  - 시동을 걸고 변속레버로 각 단 왕복 2~3회 선택한 후 "중립"에 위치한다.
  - 소음 발생여부와 공회전 상태를 확인한다.
  - 가속하면서 변속레버를 "중립"에서 각 단으로 변속시 변속이 양호한지 확인한다.
  - 변속 시 기어물림이 늦는지 확인한다.

4. 자기진단

  ◎ 안전하고 평탄한 곳에서 자기 진단기를 자기진단 터미널(커넥터)에 연결한다.

  ◎ 시동을 건다, 또는 자동차키를 ON으로만 해 둔다.

  ◎ 초기 화면에서 차량진단 기능을 선택한다.

  ◎ 자동차 메이커별 차량을 선택 후 자동변속기를 선택하여 자기진단 모드를 실행한다.

  ◎ 고장코드가 표출시 기억을 소거하고, 자동차를 실제 주행하거나 주행테스터기(로울러)에서 바퀴를 구동시킨 다음에 다시 자기진단모드를 실행한다.

  ◎ 재확인한 자기진단 결과에 고장코드가 확인되면 이를 기록부에 작성한다.

3 동력전달장치

1. 클러치 어셈블리

  ◎ 차량시동이 걸린 상태에서 손가락으로 클러치 페달을 눌러 자유 유격을 점검한다.

  ◎ 클러치 마스터 실린더와 릴리스 실린더의 누유 및 오일양과 작동상태를 확인한다.

  ◎ 시동을 걸어 기어를 1단에 놓고 브레이크 페달을 밟은 채로 서서히 클러치 페달에서 발을 떼어 시동 꺼짐 유무를 확인한다.

  ◎ 각 단으로 기어 변속 시 동력 차단 및 전달이 양호한가를 점검한다.

2. 등속조인트

  ◎ 차량을 리프트에 올린다.

  ◎ 핸들을 좌, 우로 완전히 꺾어서 등속조인트 및 부트의 손상과 구리스 유출 여부

를 확인한다.

- 등속조인트 고무부트 클램프 상태가 양호한 지 확인한다.
- 노면에서 핸들을 좌, 우측으로 완전히 꺾으면서 조인트 부근에서 소음이("뚝뚝뚝")발생히는지 확인한다.

3. 추진축 및 베어링

- 리프트에 차량을 올리고 추진축의 변형이나 센터베어링 고무부싱 손상유무를 확인한다.
- 한손으로 브레이크 호스를 잡고 바퀴를 손으로 세게 공회전 시킨다
- 호스를 통해 전달되는 진동과 소음을 분석하고 베어링 파손 유무를 확인한다.
- 추진축 요크부와 유니버설 조인트의 니들 롤러베어링 파손 유무를 확인한다.
- 드라이버를 이용하여 유니버설 조인트 사이에 넣고, 좌우상하로 흔들면서 유격을 확인한다.

4 조향 장치

1. 오일 누유

- 엔진을 충분히 난기 운전시킨다.
- 리프트로 차를 올리고 공회전 상태에서 핸들을 좌, 우로 끝까지 돌린 후 직진상태로 둔다.
- 파워펌프, 파이프 연결부위, 금속볼트, 너트체결 부위의 오일 누유 및 흔적여부를 정밀하게 확인한다.

2. 작동상태(스티어링 기어)

- 파워스티어링 오일 리저버 탱크의 오일 유량이 정상인지 확인한다.
- 엔진을 충분히 난기운전 시킨다.
- 평탄한 도로에서 공회전에 놓고 핸들을 좌우로 가볍게 돌리며 유격을 확인한다.
- 핸들을 좌우로 끝까지 2~3회 돌리면서 비정상 소음 유무를 확인한다.

3. 작동상태(스티어링 펌프)

- 차량을 리프트로 올린다.
- 시동을 걸고 핸들을 좌우로 회전시키면서 파워스티어링 펌프에서 이음이 발생하는지 점검한다.

◎ rpm을 높여 파워스티어링 펌프에서 이음이 발생하는지 점검한다.

4. 작동상태(타이로드엔드 및 볼 조인트)

◎ 차량을 리프트로 올린다.

◎ 시동을 걸고 핸들을 좌우로 회전시키면서 타이로드 엔드와 볼 조인트의 유격을 확인한다.

◎ 시동을 끄고 로워 암 볼조인트 밑을 들어 올려 타이어가 하중을 받지 않게 한다.

◎ 타이어 상, 하단을 손으로 잡고, 앞, 뒤로 흔들면서 유격이 있는지 확인한다.

5 제동 장치

1. 오일 누유

◎ 보닛을 열고 브레이크 오일 리저버 탱크 하단부, 마스터 실린더, 실내에서 페달 푸시로드 쪽과 하이드로백 부위, 발전기 뒤쪽 진공펌프호스 연결부위 등 오일 누유 흔적 유무를 철저하게 확인한다.

◎ 차량을 리프트에 올린다.

◎ 마스터 실린더 연결파이프 및 각 바퀴의 휠 실린더 파이프, 호스 연결부위 오일 누유를 확인한다.

◎ 캘리퍼 및 휠 실린더 피스톤 컵 노후와 마모로 인한 베킹 플레이트 오일 흔적여부를 확인한다.

◎ 타이어 안쪽 고무 부위에 오일이 흘러내린 흔적이 있는지 확인한다.

2. 오일 오염

◎ 보닛을 열고 마스터 실린더 상단 브레이크오일 리저버 탱크에 눈금으로 표시된 오일레벨 눈금으로 부족 여부를 체크한다.

◎ 리저버 탱크의 캡을 열고 브레이크 오일 색상을 확인하여 오염 여부를 점검한다.

◎ 브레이크 오일양 점검 시 브레이크 오일의 누유가 전혀 없는데도 MIN 이하 수준이면 브레이크 패드(라이닝)의 과동한 마로로 추정할 수 있다.

3. 작동상태(배력장치)

◎ 엔진 시동을 건다.

◎ 브레이크 페달을 가볍게 밟아 페달 높이 및 유격을 확인한다.

◎ 브레이크 페달을 수차례 밟으면서 페달이 정상적으로 작동하는지 확인한다.

◎ 디젤 차량의 경우 발전기 뒤 진공펌프 호스의 균열, 진공 여부를 확인한다.

◎ 조금이라도 비정상적이면 불량으로 기록한다.

6 전기 장치

1. 발전기

◎ 1단계 발전기 출력 전압 측정

• 전압측정기를 준비한다.

• 시동을 걸고 가볍게 가, 감속하면서 전압측정기로 배터리 전압을 측정하여 14~14.5V 사이에 있는 지 확인한다.

◎ 2단계 발전기 용량시험(스코프형 진단기)

• 200A 까지 측정 가능한 전류프로브와 스코프(전류미터)를 준비한다.

• 전류프로브를 영점 셋팅하고 스코프 또는 전류미터에 연결한 후 발전기 B 배선에 전류방향에 맞춰 연결하고 시동을 건다.

• 라이트와 에어컨을 켜고 엔진 회전수를 4500rpm으로 수분 간 상승시키면서 발전기 용량 표시값의 80%이상이 지속되는지 확인한다.

2. 시동모터

◎ 배터리 전압이 정상인지 확인한다.

◎ 브레이크를 밟고 P단에 변속레버를 놓은 후 키를 ON에서 START로 돌리거나 START 버튼을 누른다.

◎ 시동모터가 정상작동시 10초 이상 크랭킹을 하지 않는다.

3. 와이퍼 모터

◎ 엔진을 시동시킨다.

◎ 와셔액을 분사시켜 와셔펌프 및 노즐의 이상유무를 확인한다.

◎ 와이퍼를 저단, 고단, INT에 놓고 각각 작동 시 소음, 속도 등을 확인한다.

◎ 와이퍼 작동 중간에 스위치를 OFF 시켰을 때 와이퍼가 원위치 되는지 확인한다.

4. 송풍 모터

◎ 엔진을 시동시킨다.

◎ 송풍구 방향 조절장치가 정상으로 작동되는지 확인한다.

◎ 에어컨 또는 히터 스위치를 켠 상태에서 송풍모터를 각 단 별로 순서대로 작동시

켜 소음, 풍음, 풍량을 확인한다.

5. 라디에이터 팬 모터

- ◉ 엔진을 시동시킨다.
- ◉ 라디에이터 팬 모터가 정상적으로 회전하는가를 확인한다.
- ◉ 에어컨을 켠 상태에서 고속용 컨덴서 팬 모터가 정상적으로 회전하는가를 확인한다.

6. 윈도우 모터

- ◉ 엔진을 시동시킨다.
- ◉ 파워 윈도우 스위치를 작동시켜 유리문이 상, 하로 작동될 때 소음, 속도 등을 확인한다.
- ◉ 유리문이 똑바로 올라가고 내려가는지 여부를 확인한다.

제32조 (보유상태 평가)

사용설명서, 공구, 잭세트, 삼각대 등이 분실되었을 경우 다음과 같이 감점 적용한다.

기본품목	감 점	
	국산	수입
사용설명서	5	10
안전삼각대	3	5
잭세트	5	10
공구(스패너)	3	5

제33조 (자동차 주요장치 감점계수 산출방법)

주요장치별 상태에 따른 진단평가가격 산출은 주요장치별로 각각 감점한다.

제34조 (차량 등급평가)

등급평가는 차량의 성능과 상태에 따라 10개 등급을 정하여 소비자가 직관적으로 차량 전체를 간편하게 확인할 수 있도록 하기 위한 평가방법이다.

1. 자동차 등급평가 기준

등급	기 준		비 고
1등급	− C랭크의 사고이력차량 − 침수 및 화재차량	유 사 고	− **주요골격 용접, 교환수리 부위** 플로어, 대쉬패널, 프레임, 캡
2등급	− B랭크의 사고이력차량 − 전손, 수리이력차량		− **주요골격 용접, 교환수리 부위** 사이드멤버, 필러패널, 휠하우스 패키지트레이
3등급	− A랭크의 사고이력차량 − 공사장 운용, 수산물 운송 − 불법튜닝		− **주요골격 용접, 교환수리 부위** 프론트 패널, 크로스멤버 트렁크플로어패널 인사이드패널 리어패널
4등급	− 용접으로 조립된 외판이 교환된 경우 − 외판가치감점 ②랭크 적용 교환 및 용접 수리차량 − 용도변경이력이 있는 경우 − 색상변경		− **외판 용접, 교환수리 부위** 리어펜더(쿼터패널), 사이드실 패널, 루프패널 − **주요장치는 보통 상태**
5등급	− 볼트로 조립된 외판이 교환된 경우 − 1랭크 부위의 교환수리 차량 중 2개 부위 이상 적용	무 사 고	− **외판교환수리 부위** 라디에이터 서포트 패널 후드(본닛) 프론트휀더 도어, 트렁크리드 − **주요장치는 보통 상태**
6등급	− 볼트로 조립된 외판이 교환된 경우 − 1랭크 부위의 교환수리 차량 중 1개 부위 이하 적용		
7등급	− 외판 부위의 교환이 없는 경우 − 외판부위 중 수리필요 3개 부위 이상 적용		− **외판 수리필요 부위** 리어펜더(쿼터패널), 사이드실 패널, 루프패널, 후드(본닛) 프론트 휀더 도어, 트렁크리드 − **주요장치는 보통 상태**
8등급	− 외판 부위의 교환이 없는 경우 − 외판부위 중 수리필요 2개 부위 이하 적용		
9등급	− 표준상태의 차량 − 외부 긁힘 정도가 광택으로 수리 가능한 차량.		표준상태 차량 − **주요장치는 양호한 상태**
10 등급	− 표준상태 이상의 차량 (신차등록 6개월 이내 / 10,000km 이내) − 외부 긁힘 정도가 광택으로 수리 가능 한 차량.		신차 수준

제35조 (자동차 진단평가가격 산출방법)

평가항목에서 산출된 평가가격을 합산하여 진단평가가격(F)란에 기록한다.

CHAPTER 05 기타 의견 작성 및 진단평가 가격도출

V. 기타 의견 작성 및 진단평가가격

제36조 (기타 의견 작성)

상기 평가내용 중 당해 차량을 구입 후 긴급히 조치하여야 할 사항(예 : 특정부분 수리 또는 교환 등) 등을 기재한다.

제37조 (최종 진단평가가격 산출)

자동차진단평가 절차와 기준에 따라 보정가격에서 가감금액(자동차 종합상태, 사고교환수리 등 이력, 자동차 세부상태)을 합산하여 진단평가가격을 산출한다.

[별첨1] 자동차 진단 평가서

자동차 기본정보

차명		(세부모델 :)	자동차등록번호		
연식		배기량	검사유효기간	년 월 일 ~	년 월 일
최초등록일			변속기	[ ]자동 [ ]수동 [ ]세미오토	
차대번호			종류	[ ]무단변속기 [ ]기타( )	
사용연료	[ ]가솔린 [ ]디젤 [ ]LPG [ ]하이브리드 [ ]전기 [ ]수소전기 [ ]기타				
원동기형식	사용년 수		년 총개월 수		개월
기준가격	만원 보정감가액(−)		만원 보정가격		만원

자동차 종합상태 평가

사용이력	상 태	종합상태합계(A)		+ −	만원
주행거리 및	[ ]양호 [ ]불량	현재 주행거리 [ ]		+ −	만원
계기상태	[ ]많음 [ ]보통 [ ]적음			+ −	만원
차대번호 표기	[ ]양호 [ ]부식 [ ]훼손(오손) [ ]상이 [ ]변조(변타) [ ]도말			+ −	만원
배출가스	[ ]일산화탄소 [ ]탄화수소 [ ]매연	%, ppm, %		+ −	만원
튜닝	[ ]없음 [ ]있음 [ ]적법 [ ]불법 [ ]구조 [ ]장치			+ −	만원
특별이력	[ ]없음 [ ]있음 [ ]손상이력 [ ]수리이력 [ ]특수사용이력			+ −	만원
용도변경	[ ]없음 [ ]있음 [ ]렌트 [ ]영업용 [ ]관용 [ ]직수입			+ −	만원
색 상	[ ]무채색 [ ]유채색	[ ]전체도색 [ ]색상변경		+ −	만원
주요옵션	[ ]단품목(네비게이션, 썬루프)	[ ]양호 [ ]불량		+ −	만원
	[ ]패키지옵션(안전장치, 편의장치)	[ ]양호 [ ]불량		+ −	만원

수리이력·수리필요 평가

※ 상태표시 부호 : 수리 이력(X W) 수리필요(A U C T R P X)

수리이력	[ ]사고 [ ]단순수리	수리이력 합계 (B)	만원
외판부위	1랭크	[ ]1. 후드 [ ]2. 프론트펜더 [ ]3. 도어 [ ]4. 트렁크리드 [ ]5. 라디에이터서포트(볼트체결부품)	
	2랭크	[ ]6. 쿼터패널(리어펜더) [ ]7. 루프패널 [ ]8. 사이드실패널	
주요골격	A랭크	[ ]9. 프론트패널 [ ]10. 크로스멤버 [ ]11. 인사이드패널 [ ]17. 트렁크플로어 [ ]18. 리어패널	
	B랭크	[ ]12. 사이드멤버 [ ]13. 휠하우스 [ ]14. 필러패널 ([ ]A, [ ]B, [ ]C) [ ]19. 패키지트레이	
	C랭크	[ ]15. 대쉬패널 [ ]16. 플로어패널	
수리필요	상태	수리필요 합계(C)	만원
외장	[ ]양호 [ ]불량	[ ]패널 [ ]범퍼 [ ]미러 [ ]헤드램프 [ ]리어램프	만원
내장	[ ]양호 [ ]불량	[ ]대시보드 [ ]시트 [ ]바닥 [ ]천장 [ ]도어내부	만원
휠	[ ]양호 [ ]불량	[ ]앞/운 [ ]앞/동 [ ]뒤/운 [ ]뒤/동	만원
타이어	[ ]양호 [ ]불량	[ ]앞/운 [ ]앞/동 [ ]뒤/운 [ ]뒤/동	만원
응급타이어	[ ]있음 [ ]없음	[ ]스페어 [ ]템퍼 [ ]SST	만원
유리	[ ]양호 [ ]불량		만원
광택	[ ]양호 [ ]불량		만원
룸 크리닝	[ ]양호 [ ]불량	[ ]흔적 [ ]냄새	만원

자동차 주요장치 평가				
⑱주요장치	항목 / 해당부품	주요장치 합계(D)		만원
자기진단	원동기	[ ]양호 [ ]불량		만원
	변속기	[ ]양호 [ ]불량		
원동기	작동상태(공회전)	[ ]양호 [ ]불량		만원
	오일누유 · 로커암 커버	[ ]없음 [ ]미세누유 [ ]누유		
	오일누유 · 실린더 헤드 / 가스켓	[ ]없음 [ ]미세누유 [ ]누유		
	오일누유 · 오일팬	[ ]없음 [ ]미세누유 [ ]누유		
	오일 유량	[ ]적정 [ ]부족		
	냉각수누수 · 실린더 헤드 / 가스켓	[ ]없음 [ ]미세누수 [ ]누수		
	냉각수누수 · 워터펌프	[ ]없음 [ ]미세누수 [ ]누수		
	냉각수누수 · 라디에이터	[ ]없음 [ ]미세누수 [ ]누수		
	냉각수누수 · 냉각수 수량	[ ]적정 [ ]부족		
	고압펌프(커먼레일) – 디젤엔진	[ ]양호 [ ]불량		
변속기	자동변속기 (A/T) · 오일누유	[ ]없음 [ ]미세누유 [ ]누유		만원
	자동변속기 (A/T) · 오일유량 및 상태	[ ]적정 [ ]부족 [ ]과다		
	자동변속기 (A/T) · 작동상태(공회전)	[ ]양호 [ ]불량		
	수동변속기 (M/T) · 오일누유	[ ]없음 [ ]미세누유 [ ]누유		
	수동변속기 (M/T) · 기어변속장치	[ ]양호 [ ]불량		
	수동변속기 (M/T) · 오일유량 및 상태	[ ]적정 [ ]부족 [ ]과다		
	수동변속기 (M/T) · 작동상태(공회전)	[ ]양호 [ ]불량		
동력전달	클러치 어셈블리	[ ]양호 [ ]불량		만원
	등속조인트	[ ]양호 [ ]불량		
	추진축 및 베어링	[ ]양호 [ ]불량		
	디퍼렌셜 기어	[ ]양호 [ ]불량		
조향	동력조향 작동 오일 누유	[ ]없음 [ ]미세누유 [ ]누유		만원
	작동상태 · 스티어링 펌프	[ ]양호 [ ]불량		
	작동상태 · 스티어링 기어(MDPS포함)	[ ]양호 [ ]불량		
	작동상태 · 스티어링조인트	[ ]양호 [ ]불량		
	작동상태 · 파워고압호스	[ ]양호 [ ]불량		
	작동상태 · 타이로드엔드 및 볼 조인트	[ ]양호 [ ]불량		
제동	브레이크 마스터 실린더오일 누유	[ ]없음 [ ]미세누유 [ ]누유		만원
	브레이크 오일 누유	[ ]없음 [ ]미세누유 [ ]누유		
	배력장치 상태	[ ]양호 [ ]불량		
전기	발전기 출력	[ ]양호 [ ]불량		만원
	시동 모터	[ ]양호 [ ]불량		
	와이퍼 모터 기능	[ ]양호 [ ]불량		
	실내송풍 모터	[ ]양호 [ ]불량		
	라디에이터 팬 모터	[ ]양호 [ ]불량		
	윈도우 모터	[ ]양호 [ ]불량		

기타	연료누출(LP가스포함)	[ ]없음 [ ]있음		만원
보유상태	[ ]없음 ([ ]사용설명서 [ ]안전삼각대 [ ]잭 [ ]스패너) (없는 항목만 평가함, 체크가없는 품목은 보유상태임)			만원

최종진단평가결과(A+B+C+D)		만원 (		)

보정가격(S)	±	가감점 합계(A+B+C+D)	=	진단평가가격(F)
만원		만원		만원

차량등급평가	1등급	2등급	3등급	4등급	5등급	6등급	7등급	8등급	9등급	10등급

본인은 보험개발원의 차량기준가액을 바탕으로 한 기준가격과 한국자동차진단보증협회기준서를 적용하여 작성
하였음을 확인합니다.

년   월   일

자동차진단평가사   (서명 또는 인)

유의사항 / 참고사항

※ 유의사항

1. 자동차 진단평가사는 2항 기준에 따라 자동차를 진단평가 하여야 합니다.
   이를 준수하지 않아 발생된 민·형사상 문제는 진단평가사의 책임이며, 협회는 징계 규정에 따라 자격을 정지, 취소할 수 있습니다.

2. 자동차가격은 보험개발원이 정한 차량기준가액을 기준가격으로 조사·산정하되,
   기준서는 한국자동차진단보증협회에서 발행한 기준서를 각각 적용하여야 하며, 기준가격과 기준서는 산정일 기준 가장 최근에 발행된 것을 적용합니다.

※ 참고사항

1. 수리상태 및 성능상태 체크항목 판단기준
   – 사고이력 인정은 사고로 자동차 주요 골격 부위의 판금, 용접수리 및 교환이 있는 경우로 한정합니다. 단, 쿼터패널, 루프패널, 사이드실패널 부위는 절단, 용접시에만 사고로 표기합니다.
   – 후드, 프론트펜더, 도어, 트렁크리드 등 외판 부위 및 범퍼에 대한 판금, 용접수리 및 교환은 단순수리로서 사고에 포함되지 않습니다

   · 미세누유(미세누수): 해당부위에 오일(냉각수)이 비치는 정도로서 부품 노후로 인한 현상
   · 누유(누수): 해당부위에서 오일(냉각수)이 맺혀서 떨어지는 상태
   · 부식: 차량하부와 외판의 금속표면이 화학반응에 의해 금속이 아닌 상태로 상실되어 가는 현상(단순히 녹슬어 있는 상태는 제외합니다)
   · 침수: 자동차의 원동기, 변속기 등 주요장치 일부가 물에 잠긴 흔적이 있는 상태

[별첨 2] 주요 옵션

① 제논 헤드램프(HID)

- 램프 안쪽이 보이는 클리어 렌즈를 사용해 조사 거리와 밝기가 대폭 향상된 전조등으로 기존 헤드램프보다 적은 전력으로 2배 이상의 밝기를 제공
- 야간 운전 시 전방과 측면 시야를 확보해 준다. 눈에 피로감을 줄여주며 수명은 5배가량 증가하였다. 필라멘트가 없어 전극이 손상될 염려가 없으며, 전자제어장치가 램프에 안정된 전원을 공급한다.

② 전동접이 사이드 미러(Power Fold Rear Mirror)

- 사이드미러 속에 전동모터를 내장하여 조작 버튼을 누르면 자동으로 접거나 펼 수 있는 기능
- [차량시동을 끄면 자동으로 접히기도 하고 운전자에 따라 설정 위치를 기억시킬 수 있는 차량]

③ 선루프(Sunroof)

- 고강도 유리로 창틀을 만들어 지붕 일부 또는 전부를 열고 닫고 할 수 있는 장치
- 차량 내부의 공기를 빠르게 환기 기능, 쾌적한 운전에 도움
- [유리는 대부분 특수 열처리가 되어 자외선과 적외선을 차단하는 효과]

④ 스티어링 휠 리모컨(Steering Wheel Remote Control)

- 운전대에 장착된 버튼으로 오디오, 핸즈프리 등의 각종 장치를 TV 리모컨 처럼 조작할 수 있는 장치
- 대부분 운전대 중앙의 양옆이나 하단에 위치한다. 주행 중에도 편리하게 이용할 수 있기 때문에 안전 운전에 도움

⑤ ECM 룸미러(Electronic Chromic Mirror)

- 야간운전 중에 뒤 차량의 전조등 때문에 룸미러에 들어오는 빛을 광센서로 자동감지 하여, 거울의 반사율을 자동으로 낮추어 운전자의 눈부심 현상을 없애주는 장치

⑥ 가죽 시트

- 가죽으로 만들어져 내구성이 우수한 시트로서 직물 시트에 비해 고급스럽고 먼지를 빨아들이지 않아 청결유지에 좋다 여름철에는 시원하고, 겨울철에는 따뜻한 특징이 있다. 천연가죽 시트와 인조가죽 시트도 이에 포함된다.

⑦ 전동 시트(Power Seat)

- 전기 모터의 힘으로 움직일 수 있는 운전석 시트를 말한다.
- 스위치만으로 편리하게 시트의 높낮이, 앞뒤, 등받이 기울기 등을 자신에 맞는 위치로 조절할 수 있는 장치

⑧ **열선 시트(Heating Seat)**

- 전기장판처럼 시트 등받이와 엉덩이 부분의 열선이 내장되어 있어 좌석시트를 따뜻함을 느끼게 해주는 장치이다. 겨울철에 따뜻함을 주기 때문에 많이 선호한다.

⑨ **메모리 시트(Memory Seat)**

- 전동시트에서 자신에 맞는 좌석 위치와 각도 등을 저장시키고, 해당 메모리 버튼을 누르면 자동으로 저장되어 있던 좌석 형태로 변경시켜 주는 장치
- 다른 운전자가 좌석 위치를 바꿔 놓았을 때 편리하게 사용할 수 있는 기능[2~3가지 위치를 저장 가능]

⑩ **통풍 시트(Ventilation Seat)**

- 시트에 작은 구멍을 뚫고 통풍구를 만들어서 시원한 공기를 순환시켜 특히 여름철이나 장기간 운전 시 땀과 습기 등을 제거하여 쾌적함을 유지 시켜줄 수 있는 시트 [직물 시트보다는 가죽시트가 통풍성이 떨어지기 때문에 더 많이 장착]

⑪ **후방감지센서(Back Warning System)**

- 차량 후진 시 뒤쪽 범퍼에 장착된 센서를 통해 후방 장애물과의 거리를 감지하여 음성신호로 운전자에게 알려주는 장치를 말한다. 특히 차량 주차 시 후방에 잘 보이지 않는 부분을 센서로 알려주어 충돌을 예방할 수 있다.

⑫ 에어백(사이드) Side Airbag / 커튼에어백(Curtain Airbag)

- 운전석과 동승석 시트에 장착되어 있다가 차량 측면 충돌 시 운전석과 동승석 시트에서 나와 탑승자의 충격과 부상을 최소한으로 줄여주는 쿠션 같은 보호 장치, 차량 측면 사이드바가 충격을 입으면 측면충 돌 감지센서가 작동하여 펼쳐진다.

- 천정에서 장착되어 있다가 차량 충돌 시 천정에서 커튼처럼 옆쪽으로 나와 탑승자의 머리, 목 부분을 보호 해주고 밖으로 튕겨 나가지 않도록 해주는 장 치를 말한다. 커튼 에어백은 차량 측면 또는 차량 전 복 시 창문을 따라 길게 펼쳐진다.

⑬ ABS(Anti-Lock Brake System)

- 급제동 시 바퀴에 달린 센서가 각 바퀴의 잠김을 감 지하여 자동차가 미끄러지는 현상을 방지하고, 제동 거리를 짧게 만들어주는 브레이크 조절 시스템을 말 한다. 빗길이나 빙판길에서 미끄러짐과 회전현상을 감소시켜 주어 안정적인 제동을 할 수 있게 도와준 다.

- ABS잠긴 바퀴에 전자제어장치를 이용하여 브레이 크를 밟았다 놓았다 하는 펌핑작용을 반복시켜 네 바퀴의 균형을 유지시키는 역할을 한다.

⑭ TCS(미끄럼방지; Traction Control System) /
　VDC(자체자세 제어 장치; Vehicle Dynamic Control)

- 빗길, 눈길 등 미끄러지기 쉬운 노면에서 출발하거 나 가속할 때 엔진 출력과 브레이크를 제어하여 미 끄러짐을 방지하고, 곡선도로에서 주행 안정성을 향 상시켜 주는 시스템

- 운전자가 차량을 조절하기 힘든 상황인 급제동, 급 선회 등에서 각 바퀴의 브레이크 압력 및 엔진 출력 을 제어하여 안정된 차량 자세를 잡아주는 안전 시 스템을 말한다. VDC는 ABS, TCS 등의 기능을 포 함하고 있다.

⑮ **자동 에어컨(Full Auto Airconditioner)**

- 사용자가 원하는 온도 설정 시 풍량, 공기 온도, 통 풍 방향 등을 자동으로 조절하여 일정한 온도를 유 지해 주는 에어컨 시스템을 말한다.

⑯ **스마트 키(Smart Key)**

- 차량 내에 내장된 센서로 인해 스마트키를 소지한 운전자를 자동으로 인식하여 키를 꽂지 않고도 시동 을 걸거나 문을 열 수 있는 기능을 가지고 있다.

⑰ **내비게이션(Navigation)**

- GPS를 통해 현재 위치, 진행방향, 목적지까지 경로 등을 모니터 상의 전자지도에 표시하고 음성으로 안 내해주는 시스템으로 초행길에 유용하게 사용할 수 있다. 또 이동 경로와 예상 시간 등을 표시해 주며 과속 카메라, 사고다발지역, 어린이 보호구역 등을 안내하여 안전운전 할 수 있도록 도움을 준다.

⑱ **CD 플레이어(CD Player)**

- CD를 삽입하여 차량에서 음악을 감상할 수 있게 만들어 주는 오디오 장치를 말한다.

⑲ USB단자(Universal Serial Bus)

• MP3, PMP 등과 같은 휴대용 장치의 음악을 USB 연결
잭을 꽂아서 차량의 오디오에서 감상할 수 있게 만들어
주는 단자

02

사고차의 식별법

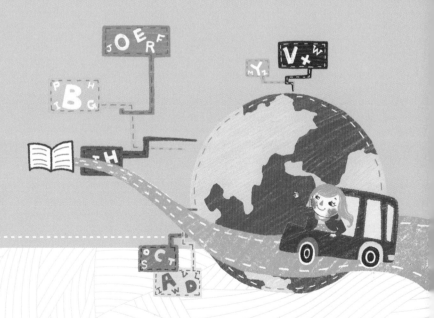

01 사고차의 식별법

1 SPOT 용접을 확인한다

휠 하우스나 패널 등 차체의 주요 부위가 손상되면 수리를 위해서는 특별한 경우를 제외하고는 '잘라서 용접을 해야 하기' 때문에 사고여부를 가장 쉽게 판별할 수 있는 방법 중의 하나가 용접상태를 확인하는 것이다.

동그란 모양의 SPOT용접이 살아있으면 사고가 나지 않은 것이고, SPOT용접이 없어지고 아크용접을 한 흔적이 남아 있다면 그 부위는 사고 후 수리를 한 것으로 봐도 된다.

 사진 1 앞패널 용접 - 대우 프린스

사진1은 대우자동차의 중형차인 프린스의 보닛을 열고 펜더 아랫부분의 앞 패널을 촬영한 것인데, 왼쪽의 사고가 나지 않은 차량은 동그란 모양의 SPOT 용접이 살아있는 반면, 오른쪽은 앞 패널이 교환되어 SPOT용접이 사라지고 아크용접을 한 것이다.

▣ **아크용접** : arc란 원호 모양의 불꽃을 가리키는 말로서, 아크용접은 일반적으로 용접봉을 이동하면서 금속봉, 선, 판 등의 단면을 맞대고 접합하는 용접방법을 말한다.

▣ **SPOT용접** : SPOT용접은 용접봉을 사용하지 않고 고정돼 있는 용접기의 두 전극 사이에 2개의 판을 겹쳐서 넣고 전기저항열에 의한 점(占) 접합을 행하는 용접방법이다. SPOT용접은 높은 전력과 전압이 필요하기 때문에 자동차 메이커가 아니면 할 수 없다.

보닛을 열고 위에서 라디에이터의 아랫부분을 보아도 육안으로 확인할 수 있다.

한편, SPOT용접 모양을 일부러 만들어 사고이력을 은폐하려는 경우도 있는데, 이럴 땐 전문가가 아니면 판별하기가 쉽지 않다.

:: 사진 2 앞패널 용접 - 대우 라노스

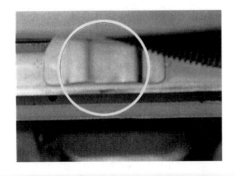 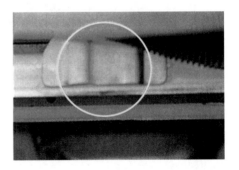

사진 2는 대우자동차의 소형차인 라노스의 전면부에서 앞패널의 아랫부분을 확대 촬영한 것인데, 왼쪽의 사고가 나지 않은 차량은(사진 상태가 좋지 않아 SPOT용접은 확인할 수 없지만) 용접으로 연결된 부위가 깨끗한 반면, 오른쪽의 사고수리차량은 육안으로 보아도 아크용접을 한 흔적이 역력하다.

2 볼트 상태를 확인하다

용접상태를 확인하는 것과 함께 사고여부를 확인할 수 있는 또 하나의 단서는 바로 볼트이다. 공구를 사용함으로써 페인트가 손상됐거나 볼트를 풀어본 흔적이 남아 있으면 사고가 나서 교환했을 가능성이 높은 것이다.

단, 볼트까지 도장한 경우에는 확인하기 어렵다.

■■ 사진 3 : 펜더교환 - 대우 라노스

사진 3은 라노스의 보닛을 열고 좌측 펜더와 앞 패널이 연결된 부위의 볼트를 촬영한 것인데 위쪽의 사고가 나지 않은 차량은 페인트가 온전하게 남아있고, 공구를 사용해서 볼트를 열어본 흔적이 없는 반면, 아래쪽의 사고수리차량은 펜더를 교환하기 위해 볼트를 열어본 흔적이 남아 있다.

이렇게 앞 패널의 일부가 볼트로 연결되어 있는 차량은 용접상태로는 사고여부를 판별할 수는 없고 볼트부위를 확인해야 한다. 현대자동차의 EF쏘나타처럼 앞 패널의 일부가 볼트로 연결되어 있는 차량으로는 현대자동차의 아토스, 대우자동차의 체어맨, 티코 등이 있다.

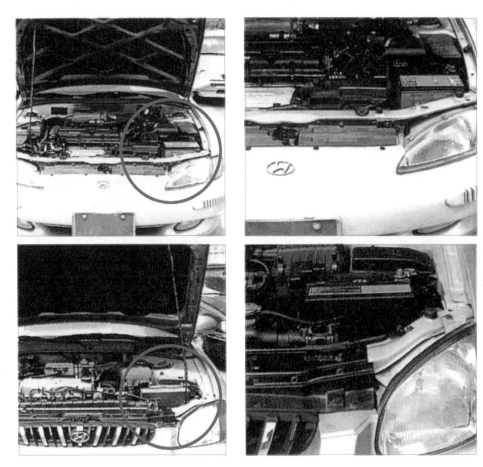

사진 4 : 앞패널의 형태 - 현대 아반떼와 EF쏘나타

사진 4는 현대자동차의 아반떼와 EF쏘나타의 보닛을 열고 각각 앞 패널을 촬영한 것인데, 아반떼는 앞 패널이 하나로 연결되어 있는 반면 EF쏘나타는 앞 패널의 일부가 볼트로 연결되어 있다.

3 실링상태를 확인한다

실링이란 차체의 이음새 부분을 실리콘으로 막아 마무리작업을 한 것을 말하는데, 그 목적은 공기나 수분을 차단함으로써 부식을 방지하기 위한 것으로 방음, 진동의 효과까지 있다. 사고가 나지 않는 차량의 실링은 자연스럽고, 고무 같은 탄력이 있어 손톱으로 눌러도 원형이 유지된다. 그러나 사고 후 수리차량은 실링이 있어야 할 자리에 실링이 아예 없거나, 실링을 했더라도 조잡하고 손톱으로 긁으면 쉽게 떨어진다.

한편, 실링이 아닌 퍼티로 작업을 한 경우에는 아주 딱딱하며 손톱으로 눌러도 들어가지 않는다.

:: 사진 5 : 휠 하우스 교환 - 현대 아반떼

사진 5는 현대자동차 아반떼의 보닛을 열고 휠 하우스 부위를 촬영한 것인데 왼쪽의 사고가 나지 않은 차량은 실링상태가 뚜렷하게 남아있지만, 오른쪽 사고수리차량은 실링상태가 고르지 않고 제대고 실링이 되지 않아 아래쪽 부분은 녹이 생긴 모습을 볼 수 있다.

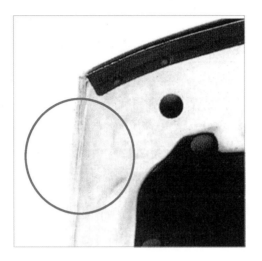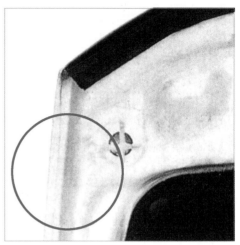

::: 사진 6 : 보닛 교환 - 연대 쏘나타Ⅱ

사진 6은 현대자동차의 쏘나타Ⅱ의 보닛이 안쪽부분을 촬영한 것인데 왼쪽의 사고가 나지 않은 차량은 실링이 있고, 오른쪽의 사고로 보닛을 교환한 차량은 아예 실링이 없다.

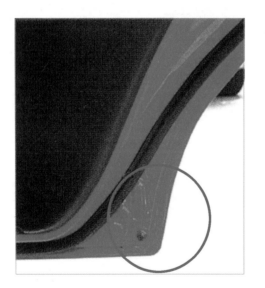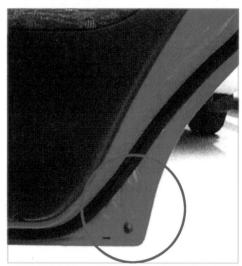

::: 사진 7 : 도어 교환 - 대우 라노스 줄리엣

사진 7은 대우 라노스 줄리엣의 오른쪽 뒷문짝을 연 상태에서 촬영한 것인데, 왼쪽의 사고가 나지 않은 차량은 실링이 있고, 오른쪽의 사고로 문짝을 교환한 차량은 실링이 없다.

■■ 사진 8 : 펜더 교환 - 현대 쏘나타 II

사진 8은 현대자동차 쏘나타 I 의 보닛을 열고 펜더와 앞 패널이 연결된 부위를 촬영한 것인데, 왼쪽의 사고가 나지 않은 차량은 자세히 보면 펜더와 앞 패널이 연결된 부분에 실링이 되어 있고, 오른쪽의 사고로 펜더가 교환된 차량은 실링을 하지 않았다.

4 도장상태는 비스듬히 서서 본다

사고가 나면 필연적으로 도장을 다시 해야 한다. 도장은 정비기술 중에 가장 어려운 것 중의 하나일 뿐만 아니라, 아무리 정교하게 작업을 하더라도 차량의 원래 색상과 차이가 나게 마련이다.

메이커의 도장은 로봇화 되어 있어 '**전착도장**'의 경우 차체 전체를 도장 액통에 담궜다가 꺼내는 방식으로서 이루어지고, 중도, 상도의 경우 로봇으로 도장하고 있어 일반 정비센터에서는 그 시설 및 설비를 갖추기 어렵다.

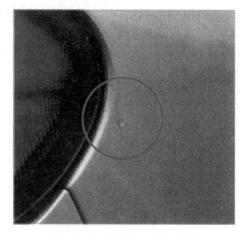

▦ 사진 9 도장액이 흐른 자극

따라서 도장을 제대로 하지 않아 흐른 자국이 남아 있거나 먼지가 앉은 자국, 또는 몰딩부위

사진 9는 도장이 흐른 자국이 남아 있는 모습이다.

에 작업흔적이 남는 경우는 전문가가 아니더라도 쉽게 확인할 수 있다. 정교하게 작업을 했더라도 약 45°각도로 비켜서서 보면 사고 후 재도장한 부위는 색상의 농도나 광택정도가 원래의 색상과는 미세한 차이를 발견할 수 있다.

사고여부를 은폐하기 위해 의도적으로 '**무사고 위장 작업**'을 한 경우는 전문가라도 쉽게 알아내기 힘들기 때문에 어쩔 수 없다. 하지만 지금까지 살펴본 대로 용접이나 볼트, 실링 등의 상태를 한번 확인해봄으로써 사고여부를 직접 체크하는 방법을 상식으로 알고 있으면 중고차 거래 시 유용하게 활용할 수 있을 것이다.

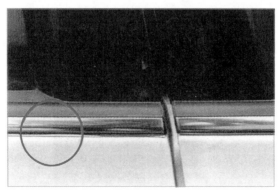

▦ 사진 10 몰딩에 도장 흔적이 남은 모습

사진 10은 문짝에 도장을 하면서 몰딩부위에 작업 흔적이 남은 모습이다.

CHAPTER 02

차량측면부 사고

1 필러의 '웨더스트립(고무커버)'을 뜯어본다

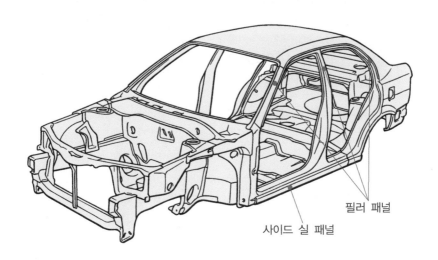

필러 패널

사이드 실 패널

차량의 측면부에 사고가 날 경우 손상될 수 있는 주요 부위는 도어패널, 필러패널, 사이드패널 등인데 차량전면부에 비해 사고수리여부를 판별하기가 용이하다. 위의 그림에서 보듯이 필러패널은 도어를 열면 차체를 둘러싸고 있는 부위를 가리키는 것으로, 앞 도어 쪽을 A필러, 가운데 부분을 B필러, 뒷 도어 쪽을 C필러라고 부른다. 그리고 도어 아래쪽의 패널이 **사이드실 패널**이다. 도어는 사고가 날 경우 판금·도장으로 복원되지 않으면 교체해야 하기 때문에 도장상태나 인사이드 부분의 실링상태, 그리고 도어와 차체 연결부분의 볼트를 풀어본 적이 있는지를 살펴봄으로써 교체여부를 판별할 수 있다.

필러패널과 사이드패널은 사고가 날 경우 사고부위를 잘라내고 용접으로 접합하기 때문에 잘린 흔적이나 교체된 부분의 용접상태를 살펴봄으로써 사고수리여부를 판별할 수 있다.

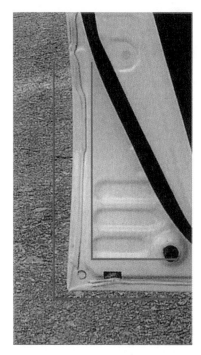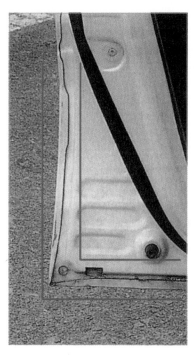

■■ 사진1 도어 인사이딩 실링

1 도어 패널

차량 측면부 사고시 제일 쉽게 손상되는 부위가 도어패널이다. 도어는 사실 사고가 나서 교체하더라도 차량의 성능이나 안전 도어는 직접적인 연관이 없기 때문에 도어를 교체했더라도 '사고차'라고 하지 않는다.

다만, 도어에 사고가 날 경우 필러나 사이드실도 손상이 됐을 가능성이 높기 때문에 연결부위를 꼼꼼히 살펴봐야 하고, 도어를 교체한 경우 제대로 수리가 됐는지 여부를 확인해야 한다.

도어의 교체여부를 가장 손쉽게 판별할 수 있는 방법은 **사진1**과 같이 도어 인사이드부분의 실링상태를 확인하면 되는데, 실링이 아예 없거나 메이커에서 출고될 때처럼 자연스럽지 않으면 교체한 것으로 보면 된다.(단, 일부 구형 짚차나 승합차는 출고당시부터 실링이 없는 차도 있다.)

사진 2는 도어와 차체가 연결된 부분(힌지)의 볼트를 촬영한 것인데, 볼트를 풀어 본 흔적이 있는지 여부를 살펴봄으로써 교체여부를 판별할 수도 있다. 사진에는 차체 쪽 볼트만 촬영하지만, 도어 쪽 볼트도 확인해봐야 하며 원래부터 볼트에 도장이 되지 않은

차도 있기 때문에 이럴 땐 렌치흔적을 주의 깊게 살펴봐야 한다.

이밖에도 사진으로는 제대로 표현하기 어렵지만 도장상태가 색 차이가 나거나 발광(發光)에 차이가 있는지 살펴봄으로써 교체여부를 알 수도 있다.

도어의 경우 교체여부도 중요하지만 수리가 제대로 됐는지 살펴보는 것도 잊지 말아야 한다. 도어와 펜더 사이의 틈새가 부자연스러움은 없는지, 문을 열고 닫을 때 이상한 점은 없는지, 교환된 도어가 기존 도어와 높낮이가 맞는지 등을 전반적으로 살펴보아야 한다. 도어를 교체할 때 단차나 간격이 틀어지면 고속주행시 바람소리가 나는 경우도 있다.

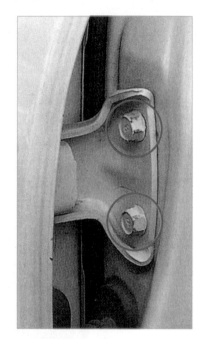

■■ 사진 2 **도어와 차체가 연결된 부분(힌지)의 볼트**

2 필러 패널

필러패널을 덮고 있는 고무커버를 '웨더스트립'이라고 하는데, 필러패널의 사고수리여부는 이 웨더스트립을 탈착해보면 쉽게 알아낼 수 있다.(단, 웨더스트립을 탈착할 수 없도록 트림을 씌운 경우도 있으므로 주의해야 한다.)

사진 3은 웨더스트립을 탈착한 상태에서 A필러를 촬영한 것인데, 위쪽의 무사고차량은 메이커 출고당시의 SPOT용접 자국이 깨끗한 상태로 남아있는데 반해, 아래쪽의 사고수리차량은 SPOT용접자국이 사라진데다 테두리 부분에 수리흔적이 어지럽게 남아있는

것을 볼 수 있다.(간혹 SPOT용접 자리에 아크용접을 한 후 표면을 갈아 냄으로써 수리흔적을 감추는 경우도 있는데, 이럴 땐 초보자가 판별하기엔 쉽지 않다.)

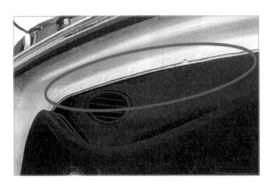

■■ 사진 3 웨더스트립을 제거한 상태의 A필러

사진 4는 B필러를 촬영한 것으로, 사진 3에서와 마찬가지로 오른쪽 사고수리차량에는 수리흔적이 지저분하게 남아있고 도장 처리마저 하지 않아 왼쪽의 무사고 차량과 확연하게 구분되는 것을 볼 수 있다.

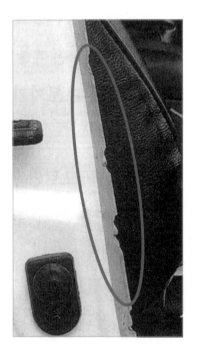

■■ 사진 4 웨더스트립을 제거한 상태의 B필러

한편, A, B, C필러와 리어펜더는 교체 부속이 하나로 연결되어 나오기 때문에 전체를 한 번에 교환한 경우에는 SPOT용접 자국이 온전히 남아 있을 수도 있다. 이때는 필러의 도장상태라든지 사이드 패널과 루프, 플로어 패널과의 연결부위 등을 종합적으로 살펴봐야 한다.

중고차를 구입할 때 보닛을 열어보고 주요 부위의 용접이나 실링상태를 한번 살펴보는 것이 차량전면부의 사고를 판별하는 요령이라면, 차량 측면부 사고여부는 무엇보다 웨더스트립을 탈착하여 필러의 상태를 확인해보는 것이 기본요령이라고 할 수 있다.

3 사이드실 패널

사이드실 패널은 도어의 아랫부분이기 때문에 바닥에 엎드리지 않으면 잘 보이지 않는다. 사이드실 패널의 사고 판별법은 필러와 동일하다.

사진 5는 차량을 리프트에 올려서 사이드실의 옆부분을 촬영한 것으로 위쪽의 무사고 차량은 SPOT용접 자국이 남아있고, 아래쪽의 사고수리차량은 아크용접으로 수리한 흔적이 남아있는 것을 볼 수 있다.

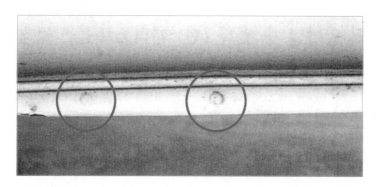

■■ 사진 5 사이드실의 옆부분

사진 6은 동일한 차량을 차체의 아래쪽에서 사이드실의 안쪽부분을 촬영한 것으로, 사고여부를 판별하는 방법은 동일하다. 간혹 사이드실에 커버를 씌워 잘 보이지 않는 경우도 있으므로 주의해야 한다.

 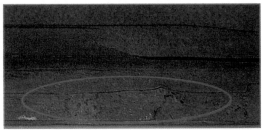

■■ 사진 6 **차체의 아래쪽 사이드실 안쪽부분**

CHAPTER 03 차량 후면부 사고

1 트렁크를 열고 '라이닝(덮개)'을 들추어 본다

차량 후면부 사고는 중고차 거래시 상대적으로 전면부 사고만큼 큰 영향을 미치지는 않는다. 차량은 주로 앞으로 주행을 하기 마련이고 앞쪽에는 엔진이나 미션 등 차량의 주요기관이 탑재되어 있어 차량 전면부 주요 부위에 손상이 갈 경우 그만큼 더 위험하기 때문이다. (물론 뒤쪽에 엔진이 있는 경우는 예외적이다.)

그러나 후면부 사고시도 뒤패널이나 휠 하우스, 펜더 등이 손상되어 차체를 잘라서 수리하게 되면 마찬가지로 감가요인이 된다. 따라서 트렁크를 열고 스페어타이어를 덮고 있는 라이닝(Lining, 덮개)이나 웨더스트립(고무커버)을 탈착하여 주요 부위의 연결 상태를 살펴봐야 한다.

차량 후면부의 주요 부위로는 트렁크를 열고 라이닝을 들춰보면 트렁크 플로어와 범퍼 사이에 위치하고 있는 '뒤 패널(back lower panel)'과 트렁크 플로어 양쪽으로 바퀴 위쪽을 씌우고 있는 '(뒤)휠 하우스', 그리고 트렁크 바깥쪽에서 볼 때 바퀴 위쪽에서 휠 하우스와 맞닿아 있는 트렁크 양옆의 '뒤펜더'가 있고, 차량 전면부로 치면 본네크에 해당하는 부분인 '트렁크 리드'(해치백 스타일의 경우 테일게이트)가 있다.

1 뒤 패널

뒤 패널(back lower panel)은 차량의 뒤쪽에서 똑바로 보면 뒤 펜더 양끝에서 뒤 범퍼로 이어지는 U자형 모양의 패널이다. 사고수리여부를 알아보려면 트렁크를 열고 스페어타이어를 씌우고 있는 라이닝을 들춰낸 다음 뒤 패널과 트렁크 플로어의 연결부분을 살펴봐야 한다.

　사진 1은 뒤 패널과 트렁크플로어의 연결부분을 위에서 아래로 촬영한 것인데, 사고수리여부는 용접이나 실링상태로 판별할 수 있다. 왼쪽의 무사고 차량은 Maker의 SPOT용접자국과 실링 모양이 그대로 남아 있는데, 오른쪽의 사고차량은 SPOT용접자국이 사라지고 수리 후 작업한 실리콘이 떨어져 나가거나 갈라져 있다.

　사진 2는 차량을 리프트에 올려 하체쪽에서 뒤 패널과 리어플로어패널의 연결부분을 촬영한 것으로 용접상태를 보고 사고수리 여부를 판별할 수 있다.

　위쪽의 무사고 차량은 사진에서는 잘 표현되지 않았지만 Maker의 SPOT용접 자국이 온전히 남아 있는데 반해, 아래쪽의 사고수리차량은 녹이 슬고 아크용접을 한 흔적이 남아 있다.

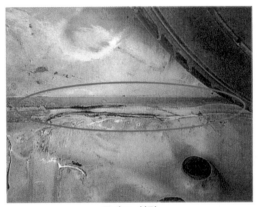
무사고 차량

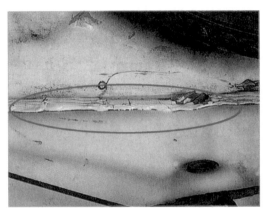
사고 차량

▦ 사진 1 뒤 패널과 트렁크플로어 연결부분

무사고 차량

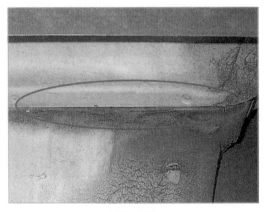
사고 차량

▦ 사진 2 뒤 패널과 리어플로어패널 연결부분

2 뒤펜더

뒤펜더는 C필러와 뒷패널, 그리고 휠 하우스 등과 연결되어 있기 때문에 각 연결부분의 용접상태를 보고 사고수리여부를 판별할 수 있다.

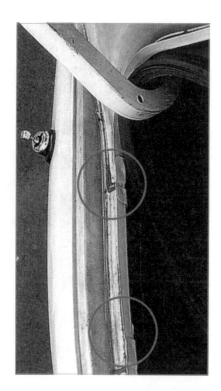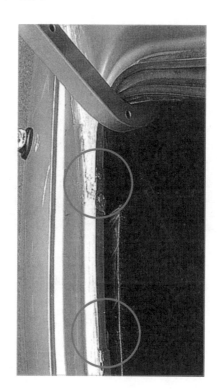

██ 사진 3 뒤 펜더와 뒤 패널 연결부분

사진 3은 트렁크를 열고 웨더스트립(고무커버)을 탈착한 후 뒤 펜더와 백어퍼패널(스피커장착부위) 및 뒤 펜더와 뒤 패널(램프설치부위)의 연결부분을 촬영한 것으로 왼쪽의 무사고 차량은 SPOT용접이 남아 있는 반면, 오른쪽의 사고수리차량은 아크용접 흔적을 볼 수 있다.

사진 4처럼 차량 하체쪽에서 펜더와 휠하우스가 연결된 부분의 용접상태를 보고 사고 수리여부를 판별할 수도 있다.

이 밖에도 사진으로 촬영하지는 않았으나 뒷문을 열고 C필러의 웨더스트립을 떼어낸 후 펜더와 연결된 부분의 용접상태를 확인하는 것도 또 다른 방법이다.(단, 웨더스트립에 커버를 씌워 고정시켜 놓은 경우에는 탈착하면 손상될 수 있으므로 주의해야 한다.)

 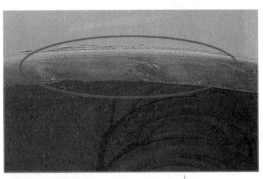

무사고차량   사고 차량

■■ 사진 4 뒤펜더와 휠하우스 연결부분

3 뒤 휠하우스

휠하우스의 사고수리여부는 휠하우스와 리어플로어패널 또는 백어퍼패널(스피커장착 부위)의 연결부분의 실링상태나 용접상태를 보고 판별할 수 있다.

사진 5는 트렁크를 열고 라이닝과 휠하우스 커버를 떼어낸 다음, 왼쪽 뒤휠하우스와 리어플로어패널의 연결부분을 촬영한 것이다.

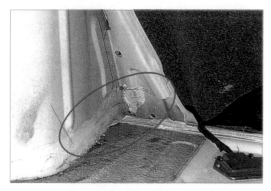
무사고 차량

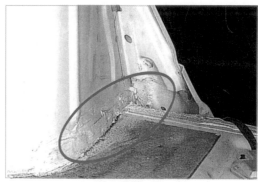
사고 차량

■ 사진 5 뒤 휠하우스와 리어플로어패널의 연결부분

사진 위쪽의 무사고 차량은 Maker의 실링과 SPOT용접 자국이 온전히 남아있는 반면, 오른쪽의 사고수리차량은 실리콘 처리와 아크용접을 한 흔적을 볼 수 있다. 사진상으로 볼 때 초보자에게는 오히려 아래쪽의 사고수리차량의 실링상태가 더 깨끗한 것처럼 보일 수도 있으나, 두텁고 거친 느낌의 위쪽의 실링이 자연스러운 것이다.

육안으로 실링상태를 판별하기 어려울 때는 손톱으로 눌러보면 정비센터의 실링은 부서지거나 떨어지는데, Maker 실링은 탄력이 있어 곧바로 원형이 회복된다.

사진으로 촬영하지는 않았지만 트렁크 안쪽에서 보는 부위의 차량 바깥쪽 면(바퀴쪽)의 용접이나 실링상태, 또는 언더코팅 상태를 보고 사고수리여부를 판별할 수도 있다.

4 트렁크 리드

트렁크 리드의 사고수리여부를 판별하는 요령은 보닛과 동일하다.

사진 6에서처럼 트렁크 리드 힌지부분의 볼트를 풀어본 흔적이 있는지, 그리고 트렁크 리드 테두리 부분의 실링이 남아있는지 여부를 살펴보면 된다. 오른쪽의 사고차량은 볼트를 풀어본 흔적이 있으며, 실링이 없다.

무사고 차량   사고 차량

▦ 사진 6 트렁크 리드

5 루프 패널

루프는 차량 전면부의 휠하우스 만큼이나 사고차 판별시 중요하게 체크해야 할 부위 중의 하나이다.

루프는 루프와 사이드 패널 사이에 몰딩이 있는지 여부에 따라 두 가지 형태로 나뉘는데, 몰딩이 없는 경우에는 필러의 웨더스트립을 떼어낸 후 용접상태를 보고 루프의 수리여부를 확인할 수 있지만, 몰딩이 있는 경우에는 몰딩을 떼어내지 않으면 수리여부를 확인할 수 없다. 그래서 몰딩의 유무와 상관없이 공통적으로 확인할 수 있는 방법은 루프에 씌워져 있는 헤드라이닝을 들추어 보는 것이다.

사진 7은 차량 안에서 루프와 앞유리가 만나는 부분의 헤드라이닝을 들추어 루프와 (루프)보강판의 연결 부분을 촬영한 것으로 용접상태를 보고 사고수리여부를 확인할 수 있다. 아래쪽의 사고수리차량은 SPOT용접자국이 사라지고 아크용접을 한 흔적이 남아있다.

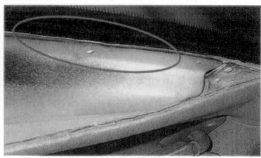

무사고 차량　　　　　　　　　　　　　　　사고 차량

■■ 사진 7 **루프 - 앞 유리 연결 부분**

사진 8처럼 마티즈나 레조 등 해치백 스타일 차량의 경우에는 테일 게이트를 열고 루프와 (루프)보강판 연결부분의 웨더스트립을 떼어낸 후 마찬가지로 용접상태를 보고 사고수리여부를 판별할 수도 있다.

무사고 차량　　　　　　　　　　　　　　　사고 차량

■■ 사진 8 **루프 - 테일게이트 부분**

차량 전면부 사고

1 차체의 연결부분 꼼꼼히 살피는 것이 중요

용접이나 볼트, 실링상태 등 종합적으로 살펴야 앞패널, 휠하우스, 보닛, 펜더 등은 쉽게 판별가능

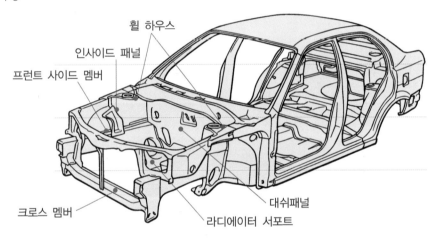

차량의 전면부에 사고가 날 경우 손상될 수 있는 주요 부위는 프런트패널, 크로스멤버, 라디에이터 서포트, 인사이드패널, 휠하우스, 프런트펜더, 대쉬패널 등이 있다.(상단의 차량 해부도 참조)

프런트패널(앞패널)이라고 할 때 어퍼(upper)패널과 크로스멤버, 라디에이터 서포트를 하나로 묶어서 보는 경우도 있고, 휠하우스와 인사이드패널의 형태 및 연결방식도 메이커나 차종별로 상이한 경우도 있어 여기서는 위에서 표기한 명칭으로 통일한다.

각 부위별로 사고수리여부를 판별하는 방법은 다소 차이는 있지만 기본적으로 종합적으로 살펴봐야 한다. 즉, 부위는 달라도 용접이나 볼트, 실링, 도장 상태를 통해 사고수리

여부를 판별하는 것이 동일하다. 특히, 각 부위는 볼트나 용접으로 연결되어 있기 때문에 사고여부를 알아내기 위해서는 각 부위의 연결부분을 집중적으로 봐야 한다.

1 프런트 패널

프런트 패널은 보닛을 열고 보면 제일 앞쪽에 위치한 부분으로서 차량전면부가 사고가 날 경우 가장 쉽게 손상될 수 있는 부위이다.

프런트 패널은 어퍼(upper)패널과 크로스멤버, 라디에이터 서포트가 하나로 연결되어 있는데, 앞쪽에서 90°각도로 고개를 돌려서 보면 H형 구조로 되어 있다.

사고수리여부를 알아보기 위해서는 프런트패널이 연결된 부분들을 살펴봐야 하는데 육안으로 손쉽게 확인할 수 있는 부분이 프런트패널과 인사이드패널이 연결된 부분(사진 1)과 크로스멤버와 라디에이터 서포트가 연결된 부분(사진2)인데, 프런트패널(라이트 부분)과 사이드멤버가 연결된 부분(사진3), 크로스멤버가 사이드멤버와 연결된 부분(사진4)을 촬영한 것이다.

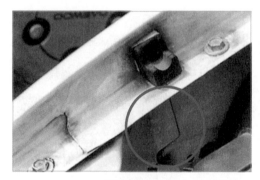
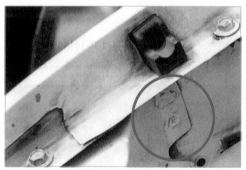

무사고 차량   사고 차량

■■ 사진 1 앞패널과 인사이드 패널 연결부분

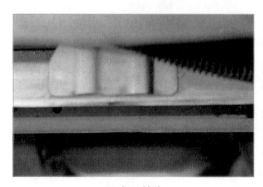
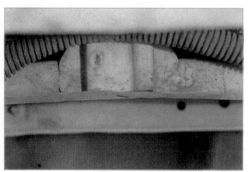

무사고 차량   사고 차량

■■ 사진 2 **크로스멤버와 사이드멤버 연결부분**

　　사진 3은 차량의 왼쪽에 서서 앞쪽을 보면 육안으로 확인할 수 있으며, **사진 4**는 차량을 리프트로 올려 하체부분을 촬영한 것으로, 4개의 사진에서 공통으로 확인할 수 있는 것은 각 연결부위의 용접상태이다. 사고가 나지 않은 차량은 SPOT용접이 남아있는데, 사고수리차량은 모두 아크용접을 한 흔적이 남아있어 프런트 패널이 교환되었음을 알 수 있는 것이다.

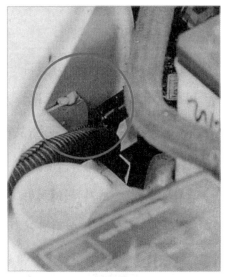

무사고 차량　　　　　　　　　　　　　사고 차량

▦ 사진 3 프런트패널(라이드부분)과 사이드멤버 연결부분

무사고 차량　　　　　　　　　　　　　사고 차량

▦ 사진 4 크로스멤버와 사이드멤버(아래쪽) 연결부분

2 휠하우스

  휠하우스는 바퀴 윗부분의 패널을 가리키는 것으로 이 부분에 수리흔적이 남아있으면 대형사고가 났다고 보면 된다.

  사진 5는 휠하우스와 대쉬패널이 연결되는 부위를 촬영한 것으로 실링의 상태를 통해 사고수리여부를 확인할 수 있다. **사진 6**은 바퀴 바로 위의 휠하우스 아랫부분을 아래쪽에서 촬영한 것으로 무사고차량은 코팅자국이 뚜렷하게 남아 있는데 반해, 사고수리차량은 아크용접 흔적이 남아 있으며, 또한 용접열에 의해 코팅이 사라진 모습을 볼 수 있다.

무사고 차량   사고 차량

▪▪ 사진 5 **휠하우스와 대쉬패널 연결부분**

무사고 차량   사고 차량

▪▪ 사진 6 **휠하우스의 아랫부분**

3 보닛(후드)

보닛(후드)이 사고로 교환된 차량은 보닛 테두리에 실링이 남아있는지를 확인해보면 된다(사진 7). 실링이 없는 것이 사고로 보닛(후드)을 교환한 차량이다.

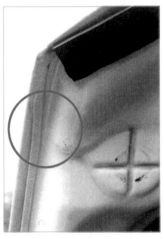 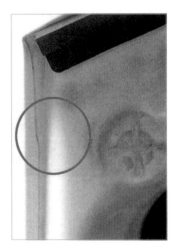

무사고 차량   사고 차량

∷ 사진 7   보닛(후드)의 모서리 부분

그런데 차종에 따라 아예 메이커에서 출고 당시부터 실링이 없는 경우도 있으므로 이럴 땐 **사진 8**에서처럼 차체와 보닛(후드) 연결부분의 볼트를 열어본 흔적이 있는지 여부로도 사고여부를 판별할 수 있다.

무사고 차량   사고 차량

∷ 사진 8 **보닛(후드)과 차체의 연결부분**

사진 9처럼 '배출가스관련 표지판'이 있는지를 확인해보는 것도 또 다른 방법이다. 표지판이 아예 없거나 다른 차의 표지판을 떼어서 붙인 흔적이 남아있으면 사고차인 것이다.

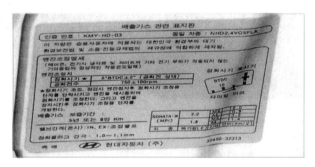

■■ 사진 9 보닛(후드)에 부착된 배출가스 관련 표지판

4 프런트 패널

펜더는 사진 10과 같이 프런트패널과 펜더 연결부분의 실링이 남아있는지 유무, 펜더와 프런트패널의 도장상태, 그리고 볼트를 열어본 흔적이 있는지 여부를 통해 판별할 수 있는데, 이 또한 명확하지 않을 경우 확실한 사고여부를 알아보기 위해서는 사진 11과 같이 앞문을 열고 펜더와 차체가 연결된 부분의 볼트를 풀었는지 여부를 보면 된다.

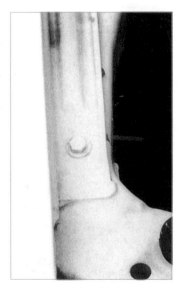
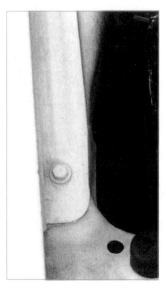

무사고 차량   사고 차량

■■ 사진 10 프런트펜더와 프런트패널 연결부분

무사고 차량   사고 차량

■■ 사진 11 프런트펜더와 A필러 연결부분

5 사이드멤버·인사이드 패널 · 대쉬패널

사이드멤버와 인사이드패널은 육안으로는 사고여부를 확인하기 어렵기 때문에 참고용으로 배터리를 들어내고 촬영한다. 사고수리차량은 실링처리가 되지 않아 녹이 슬고 매우 지저분하게 되어있다. 대쉬패널의 사고수리여부는 엔진룸 안쪽 좌우 휠 하우스와 사이드 멤버 접합 부분의 절단, 용접 수리 흔적과 실링 처리 상태로 판별한다.

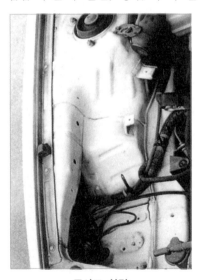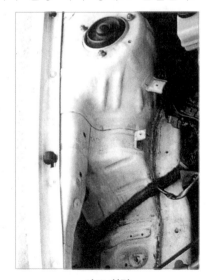

무사고 차량   사고 차량

■■ 사진 12 사이드멤버와 인사이드패널 연결부분

03

사진판독을 통한
진단평가

01. 렉서스 ES 300h

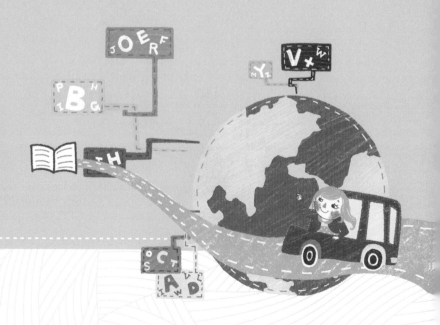

CHAPTER 01

렉서스 ES300h
(승용차 - 특 B)

기본 사항

※ 진단평가년월일 : 2020년 10월 09일

1. 차명   렉서스 ES300h   Supreme

2. 기준 가격   2,343만원 (보험개발원 기준가격)

3. 보정 가격   2,343만원 (보정감가액: 0원)

4. 최초등록일   2015년 07월 15일(사용년 : 5년, 총사용월수 : 63개월)

5. 단품목 옵션

- 듀얼오토에어컨   • 가죽시트   • 네비게이션   • 선루프
- 알루미늄휠   • 크루즈컨트롤   • ABS   • 에어백   • 후방카메라

1 진단평가 결과

1 기본정보 평가

주행거리

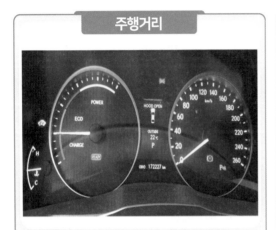

[계기장치 172,227km] 양호(많음)

☞ A: 235/20=11.75   B: -67.647

C: 0.340

271 감점

색 상

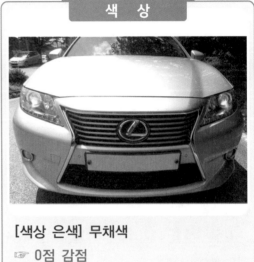

[색상 은색] 무채색

☞ 0점 감점

옵 션

[선루프] 양호

☞ 0점

네비게이션

[네비게이션] 양호

☞ 0점

2 사고 수리이력 평가

외판부위

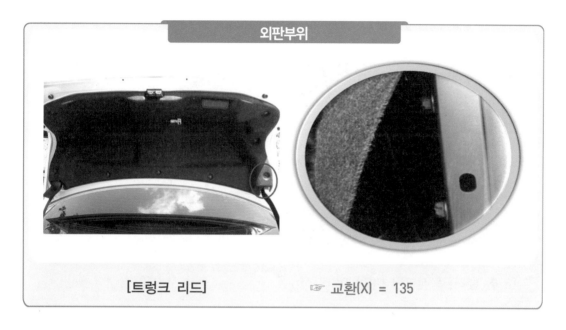

[트렁크 리드]   ☞ 교환(X) = 135

주요골격부위

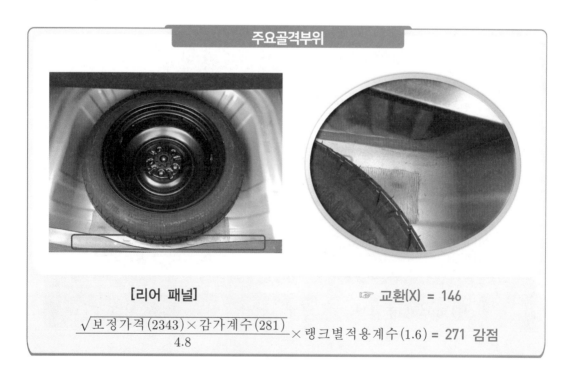

[리어 패널]   ☞ 교환(X) = 146

$$\frac{\sqrt{보정가격(2343) \times 감가계수(281)}}{4.8} \times 랭크별적용계수(1.6) = 271\ 감점$$

3 외장상태 수리필요 평가

가치감가 (외장)

[리어 펜더] 동전크기 미만 찌그러짐   ☞ UR20 감점

4 사이드미러 상태 수리필요 평가

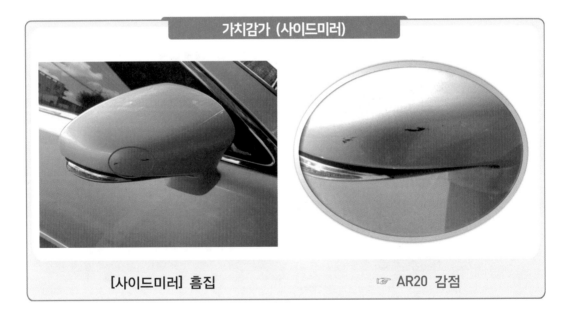

가치감가 (사이드미러)

[사이드미러] 흠집   ☞ AR20 감점

5 유리상태 수리필요 평가

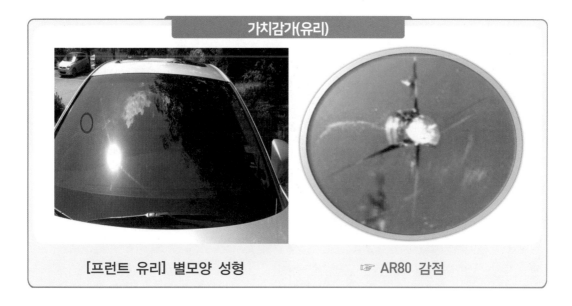

가치감가(유리)

[프런트 유리] 별모양 성형 ☞ AR80 감점

6 범퍼상태 수리필요 평가

도장 (범퍼)

[프런트 범퍼] 신용카드 길이 이상 긁힘 ☞ AP40 감점

7 휠 상태 수리필요 평가

교환수리 (알미늄 휠)

[알미늄 휠 17인치] 균열　　　☞ TX60 감점

8 타이어 수리필요 평가

타이어 홈 깊이

[타이어 상태] 양호　　　☞ 0 감점

9 광택, 룸크리닝 평가

광 택

[광택] 양호

☞ 0점 감점

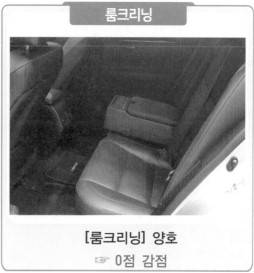

룸크리닝

[룸크리닝] 양호

☞ 0점 감점

10 엔진 주요장치 평가

엔진상태

[엔진] 로커암 커버 누유 ☞ 96점 감점

11 비상공구 평가

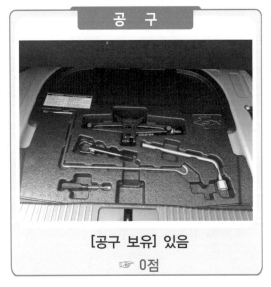

공　구

[공구 보유] 있음

☞ 0점

스페어타이어

[스페어 타이어] 있음

☞ 0점

2 사고수리차 등급평가

1 등급 평가 기준

등급	기　준	비　고	
1등급	– C랭크의 사고이력차량 – 침수 및 화재차량	유 사 고	– 주요골격 용접, 교환수리 부위 플로어, 대쉬패널, 프레임, 캡
2등급	– B랭크의 사고이력차량 – 전손, 수리이력차량		– 주요골격 용접, 교환수리 부위 사이드멤버, 필러패널, 휠하우스 패키지트레이
3등급	– A랭크의 사고이력차량 – 공사장 운용, 수산물 운송 – 불법튜닝		– 주요골격 용접, 교환수리 부위 프론트패널, 크로스멤버 트렁크플로어패널 인사이드패널 리어패널
4등급	– 볼트로 조립된 외판이 교환된 경우 – 외판가치감점 ②랭크 적용 교환 및 용접 수리차량 – 용도변경이력이 있는 경우 – 색상 변경		– 외판 용접, 교환수리 부위 리어펜더(쿼터패널), 사이드실패널, 루프패널 – 주요장치는 보통 상태
5등급	– 볼트로 조립된 외판이 교환된 경우 – 1랭크 부위의 교환수리 차량 중 2개 부위 이상 적용	무 사 고	– 외판교환수리 부위 라디에이터서포트패널 후드, 프론트펜더, 도어, 트렁크리드 – 주요장치는 보통 상태
6등급	– 볼트로 조립된 외판이 교환된 경우 – 1랭크 부위의 교환수리 차량 중 1개 부위 이하 적용		
7등급	– 외판 부위의 교환이 없는 경우 – 외판부위 중 수리필요 3개 부위 이상 적용		– 외판 수리필요 부위 리어펜더(쿼터패널), 사이드실패널, 루프패널, 후드, 프론트펜더 도어, 트렁크리드 – 주요장치는 보통 상태
8등급	– 외판 부위의 교환이 없는 경우 – 외판부위 중 수리필요 2개 부위 이하 적용		
9등급	– 표준상태의 차량 – 외부 긁힘 정도가 광택으로 수리 가능한 차량.		– 표준상태 차량 – 주요장치는 양호한 상태
10등급	– 표준상태 이상의 차량 （신차등록 6개월 이내 / 10,000km 이내） – 외부 긁힘 정도가 광택으로 수리 가능 한 차량.		– 신차 수준

2 등급 평가

[프레임 판금, 용접 수리]

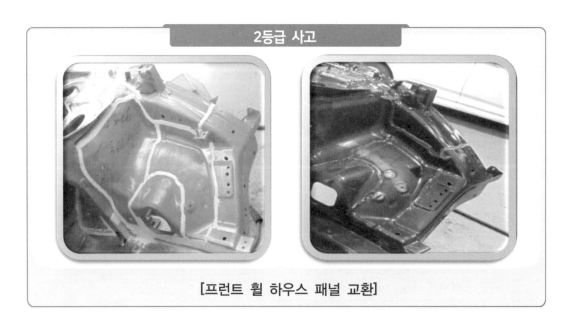

[프런트 휠 하우스 패널 교환]

2등급 사고

[프런트 휠 하우스 패널 교환]

2등급 사고

[필러 패널& 휠하우스 패널 & 리어펜더 패널 교환]

3등급 사고

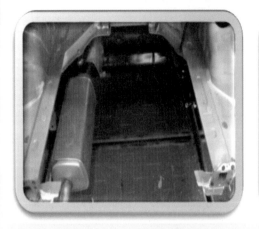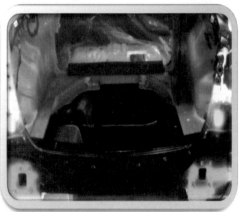

[리어패널 & 트렁크플로어패널 교환]

3등급 사고

[리어패널 & 트렁크플로어패널 교환]

4등급 사고

[리어펜더 패널 교환]

4등급 사고

[리어펜더 패널 교환]

04

실기 연습문제

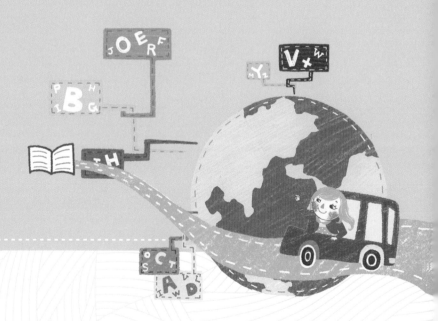

자동차진단평가실무

실기 연습문제(1)

- 차명: 아반테 쿠페 2.0

1 자동차등록증

* 실제 등록증과 차이가 있을 수 있음.

자 동 차 등 록 증

제 201405-000278호 　　　　　　　　　최초등록일 : 2014년 12월 15일

자동차등록번호	69더9899	차　　　종	대형 승용	③ 용도	자가용
차　　　명	아반테 쿠페 2.0	형식 및 년식	FD-20GS-M3		2015
차 대 번 호	KMHEH41LHBUE444613	원동기 형식	G4NC		
사용 본거지	서울시 영등포구 여의도동 극동빌딩 810호				

소유자	성명(명칭)	평가사	주민(사업자)등 록 번 호	123456-1234567
	주　　소	서울시 영등포구 여의도동 극동빌딩 810호		

자동차관리법 제8조의 규정에 의하여 위와 같이 등록하였음을 증명합니다.

2014년　 12월　 15일

서 울 시 장

1. 제원

형식승인번호	A08-1-00075-0053-1208		
길　이	4540㎜	너　비	1775㎜
높　이	1435㎜	총중량	1645 ㎏
배기량	1999㏄	정 격출 력	175/6000 ps/rpm
승 차정 원	5명	최 대적재량	0
기통수	4기통	연료의종 류	휘발유(무연)(연비12.4㎞ℓ)

2. 등록번호판 교부 및 봉인

구분	번호판교부일	봉인일	교부대행자인

3. 저당권등록

구분(설정 또는 말소)	일자

※기타 저당권등록의 내용은 자동차등록원부를 열람·확인하시기 바랍니다.

4. 검사유효기간

연월일부터	연월일까지	주 행거 리	검 사시행장소
2014-12-15	2018-12-14	82,834km	
2018-12-15	2020-12-14		

※ 주의사항

※ 비고

6. 구조·장치변경사항

2 중고자동차성능·상태점검기록부 설정사항

1. 차대번호 일부 고의적인 훼손이 있다.

2. 듀얼 가변배기형 머플러로 개조하여 튜닝 검사를 받지 않은 상태로 운행 중이다.

3. 운전석 앞 도어의 실링 상태가 상이하며 볼트 풀림흔적이 있다.

4. 트렁크플로어 패널 부위에 판금, 용접 수리 흔적이 있다.

5. 리어패널 부위에 교환 수리된 흔적이 있다.

6. 자기진단결과 인히비터 스위치 이상코드 점등되었다.

7. 엔진의 실린더 헤드 가스켓 불량으로 냉각수가 차체 하부로 뚝뚝 떨어지는 상태이다.

8. 등속죠인트의 고무부트가 손상되어 구리스가 흘러나오고 있는 상태이다.

9. 발전기 점검 결과 7.5V ~ 9.5V 정도의 충전압이 출력된다.

10. 블로워 모터(실내 송풍팬) 4단이 작동되지 않는다.

※ 참고사항

– 수리상태 및 성능상태 체크항목 판단기준

① 사고이력 인정은 사고로 자동차 주요 골격 부위의 판금, 용접수리 및 교환이 있는 경우로 한정합니다.
단, 쿼터패널, 루프패널, 사이드실패널 부위는 절단, 용접 시에만 사고로 표기합니다.

② 후드, 프론트펜더, 도어, 트렁크리드 등 외판 부위 및 범퍼에 대한 판금, 용접수리 및 교환은 단순수리로서
사고에 포함되지 않습니다.

③ 체크항목 판단기준(예시)
- 미세누유(미세누수): 해당부위에 오일(냉각수)이 비치는 정도로서 부품 노후로 인한 현상
- 누유(누수): 해당부위에서 오일(냉각수)이 맺혀서 떨어지는 상태
- 부식: 차량하부와 외판의 금속표면이 화학반응에 의해 금속이 아닌 상태로 상실되어 가는 현상
  (단순히 녹슬어 있는 상태는 제외합니다)
- 침수: 자동차의 원동기, 변속기 등 주요장치 일부가 물에 잠긴 흔적이 있는 상태

3 중고자동차성능·상태점검기록부 정답 및 해설

1. 차대번호 일부가 고의적인 훼손이 있다.

   풀이 차대번호 표기 → ③ 훼손(오손)

2. 듀얼 가변배기형 머플러로 개조하여 튜닝 검사를 받지 않은 상태로 운행 중이다.

   풀이 튜닝 → ② 있음, ④ 불법, ⑥ 장치

3. 운전석 앞 도어의 실링 상태가 상이하며 볼트 풀림흔적이 있다.

   풀이 ① 외판부위 → 1랭크 → ③ 도어   ② 상태표시 부호 → X 교환

   ③ 사고이력/단순수리 → D 있음

4. 트렁크플로어 패널 부위에 판금, 용접 수리 흔적이 있다.

   풀이 ① 주요골격 → A랭크 → 17 트렁크플로어

   ② 상태표시 부호 → W 판금 또는 용접

   ③ 사고이력/단순수리 → B 있음

5. 리어패널 부위에 교환 수리된 흔적이 있다.

   풀이 ① 주요골격 → A랭크 → 18 리어패널

   ② 상태표시 부호 → X 교환

   ③ 사고이력/단순수리 → B 있음

6. 자기진단결과 인히비터 스위치 이상코드 점등되었다.

   풀이 자기진단 → 변속기 → ④ 불량

7. 엔진의 실린더 헤드 개스킷 불량으로 냉각수가 차체 하부로 뚝뚝 떨어지는 상태이다.

   풀이 원동기 → 냉각수 누수 → 실린더 헤드 / 개스킷 → ③ 누수

8. 등속죠인트의 고무부트가 손상되어 구리스가 흘러나오고 있는 상태이다.

   풀이 동력전달 → 등속죠인트 → ④ 불량

9. 발전기 점검 결과 7.5V ~ 9.5V 정도의 충전압이 출력된다.

   풀이 전기 → 발전기 출력 → ② 불량

10. 블로워 모터(실내 송풍팬) 4단이 작동되지 않는다.

    풀이 전기 → 실내송풍 모터 → ⑧ 불량

중고자동차성능 · 상태점검기록부

〈본 성능·상태점검기록부는 검정용으로 실제 중고자동차성능·상태점검기록부와 다릅니다.〉

제   호   ※ 자동차가격조사 · 산정은 매수인이 원하는 경우 제공하는 서비스 입니다.

자동차 기본정보

(가격산정 기준가격은 매수인이 자동차가격조사·산정을 원하는 경우에만 적습니다)

차명		(세부모델 :)	자동차등록번호	
연식	검사유효기간		년 월 일 ~ 년 월 일	
최초등록일		변속기 종류	[ ]자동 [ ]수동 [ ]세미오토	
차대번호			[ ]무단변속기 [ ]기타 ( )	
사용연료	[ ]가솔린 [ ]디젤 [ ]LPG [ ]하이브리드 [ ]전기 [ ]수소전기 [ ]기타			
원동기형식	보증유형 [ ]자가보증 [ ]보험사보증 보험사		가격산정 기준가격	만원

자동차 종합상태

(색상, 주요옵션, 가격조사·산정액 및 특기사항은 매수인이 자동차가격조사·산정을 원하는 경우에만 적습니다)

사용이력	상 태	항목 / 해당부품	가격조사 산정액 및 특기사항
주행거리 및 계기상태	① 양호 ② 불량 ③ 많음 ④ 보통 ⑤ 적음	현재 주행거리 [ ]	만원 / 만원
차대번호 표기	① 양호 ② 부식 ③ 훼손(오손) ④ 상이 ⑤ 변조(변타) ⑥ 도말		만원
배출가스	① 일산화탄소 ② 탄화수소 ③ 매연 %, ppm %		만원
튜닝	① 없음 ② 있음 ③ 적법 ④ 불법 ⑤ 구조 ⑥ 장치		만원
특별이력	① 없음 ② 있음 ③ 침수 ④ 화재		만원
용도변경	① 없음 ② 있음 ③ 렌트 ④ 영업용		만원
색 상	무채색 유채색	전체도색 색상변경	만원
주요옵션	있음 없음	썬루프 내비게이션 [ ]기타	만원
리콜대상	해당없음 해당	리콜이행 [ ]이행 [ ]미이행	

사고·교환·수리 등 이력

(가격조사·산정액 및 특기사항은 매수인이 자동차가격조사·산정을 원하는 경우에만 적습니다)

※ 상태표시 부호 : X (교환), W (판금 또는 용접), C (부식), A (흠집), U (요철), T (손상)
※ 하단 항목은 승용차 기준이며, 기타 자동차는 승용차에 준하여 표시

상태표시 부호	Ⓧ 교환 Ⓦ 판금 또는 용접		
사고이력 (유의사항 4 참조)	Ⓐ 없음 Ⓑ 있음	단순수리	Ⓒ 없음 Ⓓ 있음

교환,판금 등 이상 부위			가격조사 산정액 및 특기사항
외판부위	1랭크	① 후드 ② 프론트펜더 ③ 도어 ④ 트렁크 리드 ⑤ 라디에이터서포트(볼트체결부품)	
	2랭크	⑥ 쿼터패널(리어펜더) ⑦ 루프패널 ⑧ 사이드실패널	
주요골격	A랭크	⑨ 프론트패널 ⑩ 크로스멤버 ⑪ 인사이드패널 ⑰ 트렁크플로어 ⑱ 리어패널	만원
	B랭크	⑫ 사이드멤버 ⑬ 휠하우스 ⑭ 필러패널 ([ ]A, [ ]B, [ ]C) ⑲ 패키지트레이	
	C랭크	⑮ 대쉬패널 ⑯ 플로어패널	

자동차 세부상태			
(가격조사·산정액 및 특기사항은 매수인이 자동차가격조사·산정을 원하는 경우에만 적습니다)			
주요장치	항목 / 해당부품	상 태	가격조사·산정액 및 특기사항
자기진단	원동기	① 양호 ② 불량	만원
	변속기	③ 양호 ❹ 불량	
원동기	작동상태(공회전)	① 양호 ② 불량	만원
	오일누유 ┃ 실린더 커버(로커암 커버)	③ 없음 ④ 미세누유 ⑤ 누유	
	실린더 헤드 / 가스킷	⑥ 없음 ⑦ 미세누유 ⑧ 누유	
	실린더 블록 / 오일팬	⑨ 없음 ⑩ 미세누유 ⑪ 누유	
	오일 유량	⑫ 적정 ⑬ 부족	
	냉각수 누수 ┃ 실린더 헤드 / 가스킷	① 없음 ② 미세누수 ❸ 누수	
	워터펌프	④ 없음 ⑤ 미세누수 ⑥ 누수	
	라디에이터	⑦ 없음 ⑧ 미세누수 ⑨ 누수	
	냉각수 수량	⑩ 적정 ⑪ 부족	
	커먼레일	⑫ 양호 ⑬ 불량	
변속기	자동변속기 (A/T) ┃ 오일누유	① 없음 ② 미세누유 ③ 누유	만원
	오일유량 및 상태	④ 적정 ⑤ 부족 ⑥ 과다	
	작동상태(공회전)	⑦ 양호 ⑧ 불량	
	수동변속기 (M/T) ┃ 오일누유	⑨ 없음 ⑩ 미세누유 ⑪ 누유	
	기어변속장치	⑫ 양호 ⑬ 불량	
	오일유량 및 상태	⑭ 적정 ⑮ 부족 ⑯ 과다	
	작동상태(공회전)	⑰ 양호 ⑱ 불량	
동력전달	클러치 어셈블리	① 양호 ② 불량	만원
	등속조인트	③ 양호 ❹ 불량	
	추진축 및 베어링	⑤ 양호 ⑥ 불량	
	디퍼렌셜 기어	⑦ 양호 ⑧ 불량	
조향	동력조향 작동 오일 누유	① 없음 ② 미세누유 ③ 누유	만원
	작동상태 ┃ 스티어링 펌프	④ 양호 ⑤ 불량	
	스티어링 기어(MDPS포함)	⑥ 양호 ⑦ 불량	
	스티어링조인트	⑧ 양호 ⑨ 불량	
	파워고압호스	⑩ 양호 ⑪ 불량	
	타이로드엔드 및 볼 조인트	⑫ 양호 ⑬ 불량	
제동	브레이크 마스터 실린더오일 누유	① 없음 ② 미세누유 ③ 누유	만원
	브레이크 오일 누유	④ 없음 ⑤ 미세누유 ⑥ 누유	
	배력장치 상태	⑦ 양호 ⑧ 불량	
전기	발전기 출력	① 양호 ❷ 불량	만원
	시동 모터	③ 양호 ④ 불량	
	와이퍼 모터 기능	⑤ 양호 ⑥ 불량	
	실내송풍 모터	⑦ 양호 ⑧ 불량	
	라디에이터 팬 모터	⑨ 양호 ⑩ 불량	
	윈도우 모터	⑪ 양호 ❿ 불량	
고전원 전기장치	충전구 절연 상태	[ ] 양호 [ ] 불량	만원
	구동축전지 격리 상태	[ ] 양호 [ ] 불량	
	고전원전기배선 상태 (접속단자, 피복, 보호기구)	[ ] 양호 [ ] 불량	
연료	연료누출(LP가스포함)	① 없음 ② 있음	만원
「자동차관리법」 제58조 및 같은 법 시행규칙 120조에 따라 중고자동차 성능·상태점검하였음을 확인합니다. 중고자동차 성능·상태 점검자 (인)			

4 중고자동차성능·상태점검기록부 OMR답안지 작성

중고자동차성능·상태점검기록부 OMR답안지
중고자동차성능·상태점검기록부에 체크한 사항을 아래 마킹하셔야 됩니다.

5 자동차진단평가 설정사항

▶ 평가차량은 아반떼 쿠페 2.0 GDI 스마트 등급의 은색 색상의 차종으로 에어컨, 에어백, ABS, 스마트키, 네비게이션, 후방카메라, 전동, 열선시트, 크루즈 컨트롤, 알루미늄휠, 세이프티 썬루프 등 출고 시 단품목 옵션으로 장착하여 출고되었다.

▶ **신차가격** : 1,795만원 (부가세 포함)

▶ **주행거리** : 76,826km

▶ **자동차진단평가일** : 2020년 7월 12일

A. 차대번호 일부 고의적인 훼손이 있다.

B. 배출가스 검사 : 일산화탄소 0.5%, 탄화수소 50 ppm

C. 듀얼 가변배기형 머플러로 개조하여 튜닝검사를 받지 않은 상태로 운행 중이다.

D. 운전석 앞 도어의 실링 상태가 상이하며 볼트 풀림흔적이 있다.

E. 트렁크플로어 패널 부위에 판금, 용접 수리 흔적이 있다.

F. 리어패널 부위에 교환 수리된 흔적이 있다.

G. 후드 부위에 20cm이상의 긁힘이 있다

H. 동반석 쿼터패널(리어펜더) 부위에 2cm정도의 찌그러짐이 있다.

I. 리어범퍼(일체식, 우레탄 ASSY')에 6cm × 18cm 정도의 균열이 있다.

J. 동반석 헤드램프Assy(할로겐)에 균열이 있다.

K. 동반석 앞 알루미늄 휠에 균열이 있다.

L. 타이어는 215/45/R17의 타이어가 장착되어 있으며, 각각의 타이어 홈의 깊이는 아래 [표]와 같다.

구 분	운전석	동반석
전 륜	9mm	8mm
후 륜	2mm	2mm
템 퍼	스페어타이어 분실	

M. 프런트 유리에 별모양 성형 1곳 있다.

N. 차량 전체에 흙먼지로 인한 얼룩과 빗물 오염이 되어 있다.

O. 자기진단결과 인히비터 스위치 이상코드 점등되었다.

P. 엔진의 실린더 헤드 가스켓 불량으로 냉각수가 차체 하부로 뚝뚝 떨어지는 상태이다.

Q. 등속죠인트의 고무부트가 손상되어 구리스가 흘러나오고 있는 상태이다.

R. 발전기 점검 결과 7.5V ~ 9.5V 정도의 충전압이 출력된다.

S. 블로워 모터(실내 송풍팬) 4단이 작동되지 않는다.

T. 트렁크룸 안에 렌치, 스패너와 팬더그래프식 잭set, 삼각표지대 모두 갖추고 있으며 사용설명서는 없다.

6 자동차진단평가 정답 및 해설

◎ 자동차 기본정보

(1) 등급분류 = Ⅰ [승용 / 1,999cc]

(2) 등급계수 = 1.4 [Ⅰ급 / 국산]

(3) 사용년 수 = 6년 [2020 - 2014]

    ① 진단평가일 : 2020. 07. 12

    ② 최초등록일 : 2014. 12. 15

(4) 사용월 수 = 67개월 [(6 × 12) - 5]

(5) 사용년 계수 = 0.7 [사용년 : 5년~]

(6) 기준가격 = 692만원

    ① 기준가격 산출식 : 최초 기준가액 × 감가율 계수의 감가율(%)

    ② 최초 기준가액 : 1,795만원

    ③ 감가율 계수 : 90 [11 + (6 × 12) + 7]

    ④ 감가율 계수의 감가율(%) = 38.53%

(7) 보정가격(S) = 692만원

    ① 보정가격 산출식 : 기준가격 - ⓐ월별 보정가격 - ⓑ특성값 보정가격

    ② ⓐ월별 보정가격 : 해당 없음

    ③ ⓑ특성값 보정가격 : 해당 없음

    ④ 보정감가액 : 0만원

◎ 자동차 종합상태 평가

(1) 계기상태 및 주행거리 = 38

    ① 주행거리 가·감점 산출식(승용) =

$$\frac{(전년도 보정가격 - 보정가격)}{20} \times \frac{(표준 주행거리 - 실주행거리)}{1,000} \times 잔가율$$

    ② 전년도 보정가격 : 762만원

    ③ 보정가격 : 692만원

    ④ 표준 주행거리 : 111,220 km [67 × 1.66 × 1,000]

    ⑤ 실 주행거리 : 76,826 km

⑥ 잔가율 : 0.311 [사용년 : 6년]

(2) **색상 = 0**

① 은색 : 기본색상 / 무채색 계열 : 감점 없음

(3) **주요 옵션 = 40**

① 단품목 옵션 : 네비게이션, 썬루프

② 썬루프 옵션만 가점 적용 [국산 / 썬루프 / 6년~]

A. **차대번호 일부 고의적인 훼손이 있다.**

① 훼손 : 불량 = 20

B. **배출가스 검사 : 일산화탄소 0.5%, 탄화수소 50 ppm**

① 배출 허용기준 이내 : 감점 없음 = 0

C. **듀얼 가변배기형 머플러로 개조하여 튜닝검사를 받지 않은 상태로 운행 중이다.**

① 튜닝 : 있음 / 불법 / 장치 = 79 [80 × 1.4 × 0.7 = 78.4]

② 불법 튜닝 감점 산출 공식 : 감점계수 × 등급계수 × 사용년 계수

※ 자동차 종합상태 합계(A) = -21만원 (38 - 20 - 79 + 40)

◎ **수리이력 평가**

D. **운전석 앞 도어의 실링 상태가 상이하며 볼트 풀림흔적이 있다.**

E. **트렁크플로어 패널 부위에 판금, 용접 수리 흔적이 있다.**

F. **리어패널 부위에 교환 수리된 흔적이 있다.**

① 운전석 앞 도어 : 교환 : X 표시 (60)

② 트렁크플로어 : 판금 또는 용접 : W 표시 (112 → 56)

③ 리어패널 : 교환 : X 표시 (54)

④ 사고수리이력 감가액 산출 공식 :

$$\frac{\sqrt{보정가격 \times 사고수리이력감가계수(합)}}{4,8} \times 랭크별적용계수$$

가. 보정가격 : 692

나. 사고수리이력 감가계수(합) : 170 [60 + 56 + 54]

다. 랭크별적용계수 : 1.6 [A랭크 / 국산]

⑤ 사고수리이력 감가액 = 115

※ 수리이력 합계(B) = -115만원

◎ 수리필요 평가

G. 후드 부위에 20cm이상의 긁힘이 있다

① 상태표시 부호 : 긁힘 = A

② 결과표시 부호 : 도장 = P [신용카드 길이 이상의 흠집(긁힘)]

③ 감가액 : 10 [10 × 1.4 × 0.7 = 9.8]

④ 후드 = AP10

H. 동반석 쿼터패널(리어펜더) 부위에 2cm정도의 찌그러짐이 있다.

① 상태표시 부호 : 찌그러짐 = U

② 결과표시 부호 : 가치감가 = R [동전 크기 미만의 찌그러진 상태]

③ 감가액 : 5 [5 × 1.4 × 0.7 = 4.9]

④ 쿼터패널(리어펜더) = UR5

I. 리어범퍼(일체식, 우레탄 ASSY)에 6cm × 18cm 정도의 균열이 있다.

① 상태표시 부호 : 균열 = T

② 결과표시 부호 : 교환 = X [신용카드 크기 이상의 부식, 균열 상태]

③ 감가액 : 30 [30 × 1.4 × 0.7 = 29.4]

④ 리어범퍼 = TX30

J. 동반석 헤드램프Assy(할로겐)에 균열이 있다.

① 상태표시 부호 : 균열 = T

② 결과표시 부호 : 교환 = X [균열, 변형 등 손상이 있는 경우]

③ 감가액 : 15 [15 × 1.4 × 0.7 = 14.7]

④ 헤드램프 = TX15

K. 동반석 앞 알루미늄 휠에 균열이 있다.

① 상태표시 부호 : 균열 = T

② 결과표시 부호 : 교환 = X [균열, 변형 등 결함이 있는 경우]

③ 감가액 = 22 [교환 : 국산 / I]

④ 휠 = TX22

L. 타이어는 215/45/R17의 타이어가 장착되어 있으며, 각각의 타이어 홈의 깊이는 아래[표]와 같다.

구 분	운전석	동반석
전 륜	9mm	8mm
후 륜	2mm	2mm
템 퍼	스페어타이어 분실	

① 운전석 / 뒤 = AR14

　　가. 상태표시 부호 : 마모상태 = A

　　나. 결과 표시부호 : 가치감가 = R [1.6mm 초과 5mm 이하]

　　다. 감가액 = 14 [20 × 0.7 = 14]

② 동반석 / 뒤 = AR14

　　가. 상태표시 부호 : 마모상태 = A

　　나. 결과 표시부호 : 가치감가 = R [1.6mm 초과 5mm 이하]

　　다. 감가액 = 14 [20 × 0.7 = 14]

③ 비상용 타이어 = 13 [교환 : 비상용 결품]

M. 프런트 유리에 별모양 성형 1곳 있다.

① 상태표시 부호 : [유리] 별모양 = A

② 결과표시 부호 : 가치감가 = R [별모양 1곳]

③ 감가액 = 11 [15 × 0.7 = 10.5]

④ 프런트 유리 = AR11

N. 차량 전체에 흙먼지로 인한 얼룩과 빗물 오염이 되어 있다.

① 감가액 = 10 [10 × 1.4 × 0.7 = 9.8]

　　　※ 수리필요 합계(C) = −144만원 (60 + 22 + 28 + 13 + 11 + 10)

◎ **주요장치 평가**

O. 자기진단결과 인히비터 스위치 이상 코드 점등되었다.

① 자기진단 : 변속기 = 불량

② 감가액 = 35 [50 × 0.7 = 35]

P. 엔진의 실린더 헤드 가스켓 불량으로 냉각수가 차체 하부로 뚝뚝 떨어지는 상태이다.

① 원동기 : 냉각수 누수 : 실린더 헤디 가스켓 = 누수

② 감가액 = 42 [60 × 0.7 = 42]

Q. 등속죠인트의 고무부트가 손상되어 구리스가 흘러나오고 있는 상태이다.

① 동력전달 : 등속죠인트 = 불량

② 감가액 = 14 [20 × 0.7 = 14]

R. 발전기 점검 결과 7.5V ~ 9.5V 정도의 충전압이 출력된다.

① 전기 : 발전기 출력 = 불량

② 감가액 = 21 [30 × 0.7 = 21]

S. 블로워 모터(실내 송풍팬) 4단이 작동되지 않는다.

① 전기 : 실내 송풍 모터 = 불량

② 감가액 = 28 [40 × 0.7 = 28]

T. 트렁크룸 안에 렌치, 스패너와 팬더그래프식 잭set, 삼각표지대 모두 갖추고 있으며 사용설명서는 없다.

① 보유상태 = 없음 / 사용설명서

② 감가액 = 5

※ 주요장치 합계(D) = −145만원 (35 + 42 + 14 + 21 + 28 + 5)

◎ **최종 진단평가 결과**

① 보정가격(S) ± 가감점합계(A+B+C+D) = 진단평가가격(F)

② 692만원 ± 425만원 = 267만원

◎ **차량등급평가**

① 3등급 [A랭크의 사고이력차량 / 불법튜닝]

7 자동차진단평가 작성

자 동 차 진 단 평 가 서 [검 정 용]

등급계수 : 1.4
사용년계수 : 0.7
잔가율 : 0.311

자동차 기본정보

차 명	아반테 쿠페	(세부모델:)		자동차 등록번호		
연 식		배기량	1999 cc	검사유효기간		
최초등록일	2014. 12. 15	진단평가일	2020. 7. 12	변속기 종류	[ ]자동 [ ]수동 [ ]세미오토	
차대번호	KMHEH41LHBUE444613				[ ]무단변속기 [ ]기타	
사용연료	[V]가솔린 [ ]디젤 [ ]LPG		[ ]하이브리드	[ ]기타		
원동기형식		사용년 수	6 년	총 개월수	67	개월
기준가격	692 만원	보정감가액(-)	0 만원	보정가격(S)	692	만원

자동차 종합상태 평가

사용이력	상 태		종합상태 합계(A)	+ ⊖	21	만원
계기상태 및 주행거리	[ ]양호 [ ]불량		현재주행거리 [76,826 km]	+ -		만원
	[ ]많음 [ ]보통 [V]적음			⊕ -	38	만원
차대번호 표기	[ ]양호 [ ]부식 [V]훼손(오손) [ ]상이 [ ]변조(변타) [ ]도말			+ ⊖	20	만원
배출가스	[V]일산화탄소[V]탄화수소 [ ]매연 0.5 % 50 ppm %			+ -	0	만원
튜 닝	[ ]없음 [V]있음 [ ]적법 [V]불법 [ ]구조 [V]장치			+ ⊖	79	만원
특별이력	[ ]없음 [ ]있음 [ ]손상이력 [ ]수리이력 [ ]특수사용이력			+ -		만원
용도변경	[ ]없음 [ ]있음 [ ]렌트 [ ]영업용 [ ]관용 [ ]직수입			+ -		만원
색 상	[V]무채색 [ ]유채색 [ ]전체도색 [ ]색상변경			+ -	0	만원
주요옵션	단품목(네비게이션,썬루프) [ ]없음 [V]있음 [V]양호 [ ]불량			⊕ -	40	민원
	패키지(안전장치, 편의장치) [ ]없음 [ ]있음 [ ]양호 [ ]불량			+ -		만원

수리이력 · 수리필요 평가

※ 상태표시 부호: 수리이력 (X, W)   수리필요 (A, U, C, T, R, P, X)

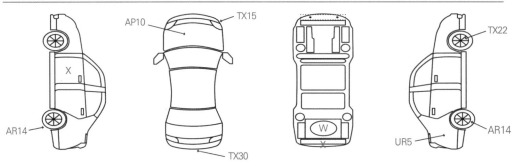

수리이력	[V]사고 [V]단순수리	수리이력 합계(B)	115	만원
외 판 부 위	1 랭크	[ ]1.후드 [ ]2.프론트펜더 [V]3.도어 [ ]4.트렁크 리드 [ ]5.라디에이터서포트 (볼트체결부품)		
	2 랭크	[ ]6.쿼터패널(리어펜더) [ ]7.루프패널 [ ]8.사이드실패널		
주 요 골 격	A 랭크	[ ]9.프론트패널 [ ]10.크로스멤버 [ ]11.인사이드패널 [V]17.트렁크플로어 [V]18.리어패널		
	B 랭크	[ ]12.사이드멤버 [ ]13.휠 하우스 [ ]14.필러패널([ ]A, [ ]B, [ ]C) [ ]19.패키지트레이		
	C 랭크	[ ]15.대쉬패널 [ ]16.플로패널		
수리필요	상 태	수리필요 합계(C)	144	만원
외 장	[ ]양호 [V]불량	[V]패널 [V]범퍼 [ ]미러 [V]헤드램프 [ ]리어램프	60	만원
내 장	[ ]양호 [ ]불량	[ ]대시보드 [ ]씨트 [ ]매트 [ ]천장 [ ]도어내부		만원
휠	[ ]양호 [V]불량	[ ]운/앞 [ ]운/뒤 [V]동/앞 [ ]동/뒤	22	만원
타 이 어	[ ]양호 [V]불량	[ ]운/앞 [V]운/뒤 [ ]동/앞 [V]동/뒤	28	만원
응급타이어	[ ]양호 [V]불량	[V]스페어 [ ]템퍼 [ ]SST	13	만원
유 리	[ ]양호 [V]불량		11	만원
광 택	[ ]양호 [V]불량		10	만원
룸 크리닝	[ ]양호 [ ]불량	[ ]흔적 [ ]냄새		만원

사단법인 **한국자동차진단보증협회**

차종 [v]승용 [ ]SUV [ ]RV [ ]승합 [ ]화물
등급 [ ]특A [ ]특B [ ]특C [v]Ⅰ [ ]Ⅱ [ ]Ⅲ [ ]경

주요장치 평가						
주요장치	**항목 / 해당부품**	**주요장치 합계(D)**			145	**만원**
자기진단	원동기	[ ]양호	[ ]불량			35 만원
	변속기	[ ]양호	[V]불량	35 만원		
원 동 기	작동상태(공회전)	[ ]양호	[ ]불량		만원	42 만원
	오일누유 / 로커암 커버	[ ]없음	[ ]미세누유	[ ]누유	만원	
	오일누유 / 실린더 헤드 가스켓	[ ]없음	[ ]미세누유	[ ]누유	만원	
	오일누유 / 오일팬	[ ]없음	[ ]미세누유	[ ]누유	만원	
	오일유량	[ ]적정	[ ]부족		만원	
	냉각수 누수 / 실린더 헤드 가스켓	[ ]없음	[ ]미세누수	[V]누수	42 만원	
	냉각수 누수 / 워터펌프	[ ]없음	[ ]미세누수	[ ]누수	만원	
	냉각수 누수 / 라디에이터	[ ]없음	[ ]미세누수	[ ]누수	만원	
	냉각수 누수 / 냉각수 수량	[ ]적정	[ ]부족		만원	
	고압펌프(커먼레일) – 디젤엔진	[ ]양호	[ ]불량		만원	
변 속 기	자동 변속기(A/T) / 오일누유	[ ]없음	[ ]미세누유	[ ]누유	만원	만원
	자동 변속기(A/T) / 오일 유량 및 상태	[ ]적정	[ ]부족	[ ]과다	만원	
	자동 변속기(A/T) / 작동상태(공회전)	[ ]양호	[ ]불량		만원	
	수동 변속기(M/T) / 오일누유	[ ]없음	[ ]미세누유	[ ]누유	만원	
	수동 변속기(M/T) / 기어변속 장치	[ ]양호	[ ]불량		만원	
	수동 변속기(M/T) / 오일유량 및 상태	[ ]적정	[ ]부족	[ ]과다	만원	
	수동 변속기(M/T) / 작동상태(공회전)	[ ]양호	[ ]불량		만원	
동력전달	클러치 어셈블리	[ ]양호	[ ]불량		만원	14 만원
	등속죠인트	[ ]양호	[V]불량	14 만원		
	추진축 및 베어링	[ ]양호	[ ]불량		만원	
	디퍼런셜기어	[ ]양호	[ ]불량		만원	
조 향	동력조향 작동 오일 누유	[ ]없음	[ ]미세누유	[ ]누유	만원	만원
	작동상태 / 스티어링 펌프	[ ]양호	[ ]불량		만원	
	작동상태 / 스티어링 기어(MDPS포함)	[ ]양호	[ ]불량		만원	
	작동상태 / 스티어링조인트	[ ]양호	[ ]불량		만원	
	작동상태 / 파워고압호스	[ ]양호	[ ]불량		만원	
	작동상태 / 타이로드엔드 및 볼 조인트	[ ]양호	[ ]불량		만원	
제 동	브레이크 마스터 실린더 오일 누유	[ ]없음	[ ]미세누유	[ ]누유	만원	만원
	브레이크 오일 누유	[ ]없음	[ ]미세누유	[ ]누유	만원	
	배력장치 상태	[ ]양호	[ ]불량		만원	
전 기	발전기 출력	[ ]양호	[V]불량	21 만원		49 만원
	시동 모터	[ ]양호	[ ]불량		만원	
	와이퍼 모터 기능	[ ]양호	[ ]불량		만원	
	실내 송풍 모터	[ ]양호	[V]불량	28 만원		
	라디에이터 팬 모터	[ ]양호	[ ]불량		만원	
	윈도우 모터	[ ]양호	[ ]불량		만원	
기 타	연료누출(LP 가스포함)	[ ]양호	[ ]불량			만원
보유상태	[V]없음 (☒사용설명서, □안전삼각대, □잭, □스패너) ※ 없는 항목만 평가함, 체크가 없는 품목은 보유상태임				5	만원

최종 진단평가 결과			
보 정 가 격 (S) ±	**가 감 점 합 계 (A+B+C+D)** =	**진 단 평 가 가 격 (F)**	
692 만원	425 만원	267 만원	

차 량 등급평가	1등급	2등급	(3등급)	4등급	5등급
	6등급	7등급	8등급	9등급	10등급

자동차진단평가실무

실기 연습문제(2)

● 차명: 그랜져

1 **자동차등록증**

* 실제 등록증과 차이가 있을 수 있음.

자동차등록증

제 201211-000000호   최초등록일 : 2017년 05월 04일

자동차등록번호	12머3456	차 종	중형 승용	③용도	자가용
차 명	그랜져	형식 및 년식	FD-20GS-M3		2018
차 대 번 호	KMHFH41LHBUE444613	원 동 기 형 식	G6DEL		
사 용 본 거 지	서울시 영등포구 여의도동 극동빌딩 812호				
소유자 성명 (명칭)	자동차진단평가사	주민(사업자) 등 록 번 호	123456-1234567		
소유자 주 소	서울시 성동구 성수1가 656-1110				

자동차관리법 제8조의 규정에 의하여 위와 같이 등록하였음을 증명합니다.

2017년   05월   04 일

서 울 시 장

1. 제원

형식승인번호	A08-1-00075-0053-1208		
길이	4930mm	너 비	1865 mm
높이	1470mm	총중량	1955 kg
배기량	2999cc	정 격 출 력	266/6400 ps/rpm
승 차 정 원	5명	최 대 적재량	0 kg
기통수	6기통	연료의 종 류	휘발유(무연) (연비12.4km ℓ)

2. 등록번호판 교부 및 봉인

구분	번호판교부일	봉인일	교부대행자인

3. 저당권등록

구분(설정 또는 말소)	일자

※기타 저당권등록의 내용은 자동차등록원부를 열람·확인하시기 바랍니다.

4. 검사유효기간

연월일부터	연월일까지	주 행 거 리	검 사 시행장소
2017-05-04	2021-05-03		

※ 주의사항

6.구조·장치 변경사항

※비고

2 중고자동차성능·상태점검기록부 설정사항

1. 차대번호가 부식되어 있다.

2. 듀얼 가변배기형 머플러로 개조한 것을 확인되었다..

3. 보험사고 수리이력 조회 결과 2019년 12월에 화재이력이 있는 것으로 확인되었다.

4. 동반석 뒤 도어 패널에 볼트 풀림 흔적이 있다.

5. 트렁크 리드의 안쪽부위의 실링 작업이 되어있지 않은 상태이다.

6. 자기진단기를 이용하여 점검한 결과 산소센서가(O_2) 불량으로 진단되었다.

7. 실린더 헤드 개스킷 노후로 오일이 비치고 있으며, 오일 보충이 필요하다.

8. 동반석 앞 타이로드엔드 볼 죠인트가 손상되어 그리스 누유가 있다.

9. 라디에이터 팬 모터에서 소음이 있다.

10. 윈도우 작동 시 LO 위치에서는 작동되나 HI 위치에서는 작동되지 않는다.

※ 참고사항

– 수리상태 및 성능상태 체크항목 판단기준

① 사고이력 인정은 사고로 자동차 주요 골격 부위의 판금, 용접수리 및 교환이 있는 경우로 한정합니다. 단, 쿼터패널, 루프패널, 사이드실패널 부위는 절단, 용접 시에만 사고로 표기합니다.

② 후드, 프론트펜더, 도어, 트렁크리드 등 외판 부위 및 범퍼에 대한 판금, 용접수리 및 교환은 단순수리로서 사고에 포함되지 않습니다.

③ 체크항목 판단기준(예시)
- **미세누유(미세누수):** 해당부위에 오일(냉각수)이 비치는 정도로서 부품 노후로 인한 현상
- **누유(누수):** 해당부위에서 오일(냉각수)이 맺혀서 떨어지는 상태
- **부식:** 차량하부와 외판의 금속표면이 화학반응에 의해 금속이 아닌 상태로 상실되어 가는 현상(단순히 녹슬어 있는 상태는 제외합니다)
- **침수:** 자동차의 원동기, 변속기 등 주요장치 일부가 물에 잠긴 흔적이 있는 상태

3 **중고자동차성능·상태점검기록부 정답 및 해설**

1. 차대번호가 부식되어 있다.

   풀이 차대번호 표기 → ② 부식

2. 듀얼 가변배기형 머플러로 개조한 것을 확인되었다..

   풀이 튜닝 → ② 있음, ④ 불법, ⑥ 장치

3. 보험사고 수리이력 조회 결과 2019년 12월에 화재이력이 있는 것으로 확인되었다.

   풀이 특별이력 → ② 있음, ④ 화재

4. 동반석 뒤 도어 패널에 볼트 풀림 흔적이 있다.

   풀이 ① 외판부위 → 1랭크 → ③ 도어   ② 상태표시 부호 → ⓧ 교환

   ③ 사고이력/단순수리 → Ⓓ 있음

5. 트렁크 리드의 안쪽부위의 실링 작업이 되어있지 않은 상태이다.

   풀이 ① 외판부위 → 1랭크 → ④ 트렁크 리드

   ② 상태표시 부호 → ⓧ 교환

   ③ 사고이력/단순수리 → Ⓓ 있음

6. 자기진단기를 이용하여 점검한 결과 산소센서가(O_2) 불량으로 진단되었다.

   풀이 자기진단 → 원동기 → ② 불량

7. 실린더 헤드 개스킷 노후로 오일이 비치고 있으며, 오일 보충이 필요하다.

   풀이 ① 원동기 → 오일누유 → 실린더 헤드 / 개스킷 → ⑦ 미세누유

   ② 원동기 → 오일유량 → ⑬ 부족

8. 동반석 앞 타이로드엔드 볼 죠인트가 손상되어 그리스 누유가 있다.

   풀이 조향 → 작동상태 → 타이로드 엔드 및 볼 조인트 → ⑬ 불량

9. 라디에이터 팬 모터에서 소음이 있다.

   풀이 전기 → 라디에이터 팬 모터 → ⑩ 불량

10. 윈도우 작동 시 LO 위치에서는 작동되나 HI 위치에서는 작동되지 않는다.

    풀이 전기 → 윈도우 모터 → ⑫ 불량

중고자동차성능 · 상태점검기록부 [검정용]

〈본 성능 · 상태점검기록부는 검정용으로 실제 중고자동차성능 · 상태점검기록부와 다릅니다.〉

제 　　　 호　　※ 자동차가격조사 · 산정은 매수인이 원하는 경우 제공하는 서비스 입니다.

자동차 기본정보

(가격산정 기준가격은 매수인이 자동차가격조사·산정을 원하는 경우에만 적습니다)

차명	(세부모델 : 　　　)	자동차등록번호		
연식	검사유효기간	년 월 일 ～ 년 월 일		
최초등록일		변속기 종 [ ]자동 [ ]수동 [ ]세미오토		
차대번호		류 [ ]무단변속기 [ ]기타( )		
사용연료	[ ]가솔린 [ ]디젤 [ ]LPG [ ]하이브리드 [ ]전기 [ ]수소전기 [ ]기타			
원동기형식	보증유형 [ ]자가보증 [ ]보험사보증 보험사[ ]		가격산정 기준가격	만원

자동차 종합상태

(색상, 주요옵션, 가격조사·산정액 및 특기사항은 매수인이 자동차가격조사·산정을 원하는 경우에만 적습니다)

사용이력	상　태	항목 / 해당부품	가격조사 산정액 및 특기사항
계기상태 및	1 양호　　2 불량	현재 주행거리 [　　　]	만원
주행거리	3 많음　　4 보통　　5 적음		만원
차대번호 표기	1 양호　②부식　3 훼손(오손)　4 상이　5 변조(변타)　6 도말		만원
배출가스	1 일산화탄소 2 탄화수소 3 매연　　%,　　ppm,　　%		만원
튜닝	1 없음　②있음　3 적법　④불법　5 구조　⑥장치		만원
특별이력	1 없음　②있음　3 침수　④화재		만원
용도변경	1 없음　2 있음　3 렌트　4 영업용		만원
색　　상	[ ]무채색　[ ]유채색	[ ]전체도색　[ ]색상변경	만원
주요옵션	[ ]있음　[ ]없음	[ ]썬루프　[ ]내비게이션　[ ]기타	만원
리콜대상	[ ]해당없음 [ ]해당　리콜이행	[ ]이행　[ ]미이행	

사고·교환·수리 등 이력

(가격조사·산정액 및 특기사항은 매수인이 자동차가격조사·산정을 원하는 경우에만 적습니다)

※ 상태표시 부호 : X (교환), W (판금 또는 용접), C (부식), A (흠집), U (요철), T (손상)
※ 하단 항목은 승용차 기준이며, 기타 자동차는 승용차에 준하여 표시

상태표시 부호	⊗ 교환　　Ⓦ 판금 또는 용접		
사고이력 (유의사항 4 참조)	Ⓐ 없음　Ⓑ 있음	단순수리	Ⓒ 없음　Ⓓ 있음

교환,판금 등 이상 부위			가격조사 산정액 및 특기사항
외판부위	1랭크	1 후드　2 프론트펜더　3 도어　4 트렁크 리드	
		5 라디에이터서포트(볼트체결부품)	
	2랭크	6 쿼터패널(리어펜더)　7 루프패널　8 사이드실패널	
주요골격	A랭크	9 프론트패널　10 크로스멤버　11 사이드패널	만원
		17 트렁크플로어　18 리어패널	
	B랭크	12 사이드멤버　13 휠하우스	
		14 필러패널 ([ ]A, [ ]B, [ ]C)　19 패키지트레이	
	C랭크	15 대쉬패널　16 플로어패널	

자동차 세부상태				
(가격조사·산정액 및 특기사항은 매수인이 자동차가격조사·산정을 원하는 경우에만 적습니다)				
주요장치	항목 / 해당부품		상 태	가격조사·산정액 및 특기사항
자기진단	원동기		① 양호 ❷ 불량	만원
	변속기		③ 양호 ④ 불량	
원동기	작동상태(공회전)		① 양호 ② 불량	만원
	오일누유	실린더 커버(로커암 커버)	③ 없음 ④ 미세누유 ⑤ 누유	
		실린더 헤드 / 개스킷	⑥ 없음 ❼ 미세누유 ⑧ 누유	
		실린더 블록 / 오일팬	⑨ 없음 ⑩ 미세누유 ⑪ 누유	
	오일 유량		⑫ 적정 ⑬ 부족	
	냉각수 누수	실린더 헤드 / 개스킷	① 없음 ② 미세누수 ③ 누수	
		워터펌프	④ 없음 ⑤ 미세누수 ⑥ 누수	
		라디에이터	⑦ 없음 ⑧ 미세누수 ⑨ 누수	
		냉각수 수량	⑩ 적정 ⑪ 부족	
	커먼레일		⑫ 양호 ⑬ 불량	
변속기	자동변속기 (A/T)	오일누유	① 없음 ② 미세누유 ③ 누유	만원
		오일유량 및 상태	④ 적정 ⑤ 부족 ⑥ 과다	
		작동상태(공회전)	⑦ 양호 ⑧ 불량	
	수동변속기 (M/T)	오일누유	⑨ 없음 ⑩ 미세누유 ⑪ 누유	
		기어변속장치	⑫ 양호 ⑬ 불량	
		오일유량 및 상태	⑭ 적정 ⑮ 부족 ⑯ 과다	
		작동상태(공회전)	⑰ 양호 ⑱ 불량	
동력전달	클러치 어셈블리		① 양호 ② 불량	만원
	등속조인트		③ 양호 ④ 불량	
	추진축 및 베어링		⑤ 양호 ⑥ 불량	
	디퍼렌셜 기어		⑦ 양호 ⑧ 불량	
조향	동력조향 작동 오일 누유		① 없음 ② 미세누유 ③ 누유	만원
	작동 상태	스티어링 펌프	④ 양호 ⑤ 불량	
		스티어링 기어(MDPS포함)	⑥ 양호 ⑦ 불량	
		스티어링조인트	⑧ 양호 ⑨ 불량	
		파워고압호스	⑩ 양호 ⑪ 불량	
		타이로드 엔드 및 볼 조인트	⑫ 양호 ⑬ 불량	
제동	브레이크 마스터 실린더오일 누유		① 없음 ② 미세누유 ③ 누유	만원
	브레이크 오일 누유		④ 없음 ⑤ 미세누유 ⑥ 누유	
	배력장치 상태		⑦ 양호 ⑧ 불량	
전기	발전기 출력		① 양호 ② 불량	만원
	시동 모터		③ 양호 ④ 불량	
	와이퍼 모터 기능		⑤ 양호 ⑥ 불량	
	실내송풍 모터		⑦ 양호 ⑧ 불량	
	라디에이터 팬 모터		⑨ 양호 ⑩ 불량	
	윈도우 모터		⑪ 양호 ⑫ 불량	
고전원 전기장치	충전구 절연 상태		[ ]양호 [ ]불량	만원
	구동축전지 격리 상태		[ ]양호 [ ]불량	
	고전원전기배선 상태 (접속단자, 피복, 보호기구)		[ ]양호 [ ]불량	
연료	연료누출(LP가스포함)		① 없음 ② 있음	만원
「자동차관리법」제58조 및 같은 법 시행규칙 120조에 따라 중고자동차 성능·상태점검하였음을 확인합니다.				
중고자동차 성능·상태 점검자 (인)				

4 중고자동차성능·상태점검기록부 OMR답안지 작성

중고자동차성능·상태점검기록부 OMR답안지

중고자동차성능·상태점검기록부에 체크한 사항을 아래 마킹하셔야 합니다.

5 자동차진단평가 설정사항

▶ 평가차량은 그랜저 3.0 익스클루시브 등급의 검은색상의 차종으로 에어컨, 에어백, ABS, 스마트키, 네비게이션, 후방카메라, 전동, 열선시트, 크루즈 컨트롤, 알루미늄휠, 파노라마 썬루프 등 출고 시 단품목 옵션으로 장착하고 안전장치(AVM패키지Ⅲ)와 편의장치(어드밴스드스마트크루즈컨트롤(ASCC))를 패키지 옵션으로 장착하여 출고되었다.

▶ 기준가격(보험개발원 기준가액) : 2,460만원

▶ 주행거리 : 12,500km

▶ 자동차진단평가일 : 2020년 8월 20일

A. 차대번호가 부식되어 있다.

B. 배출가스 검사 : 일산화탄소 2.0%, 탄화수소 150 ppm

C. 듀얼 가변배기형 머플러로 개조한 것을 확인되었다.

D. 보험사고 수리이력 조회 결과 화재이력이 있는 것으로 확인되었다.

E. 동반석 뒤 도어 패널에 볼트 풀림 흔적이 있다.

F. 트렁크 리드의 안쪽부위의 실링 작업이 되어있지 않은 상태이다.

G. 운전석 쿼터패널(리어펜더) 부위에 7cm 길이의 흠집이 있다.

H. 운전석 프런트 범퍼 코너에 7cm 길이의 흠집이 있다.

I. 운전석 사이드미러에 균열이 있다.

J. 운전석(리어) 알루미늄 휠에 가벼운 흠집이 있다.

K. 현재 타이어는 225/55/R18의 타이어가 장착되어 있으며, 각각의 타이어 홈의 깊이는 아래[표]와 같다.

구 분	운전석	동반석
전 륜	7mm	7mm
후 륜	9mm	9mm
비상용(템퍼러리)	스페어 타이어 분실	

L. 프런트 유리의 하단부위에 40cm 정도의 균열이 있다

M. 실내에 흙먼지와 애완견 털로 오염이 되어져 있다.

N. 자기진단결과 산소센서 이상 코드 점등

O. 라디에이터의 상단 캡 주변에 냉각수가 미세하게 누수되고 있으며 냉각수량이 부족하다.

P. 동반석 앞 타이로드엔드 볼 죠인트가 손상되어 그리스 누유가 있다.

Q. 와이퍼 작동 시 LO 위치에서는 작동되나 HI 위치에서는 작동되지 않는다.

R. 라디에이터 팬 모터에서 소음이 있다.

S. 트렁크룸 안에 렌치, 스패너와 팬더그래프식 잭set가 없으며 삼각표지대, 사용설명서는 모두 갖추고 있다.

6 자동차진단평가 정답 및 해설

◎ 자동차 기본정보

(1) 등급분류 = 특B [승용 / 2,999cc]

(2) 등급계수 = 1.8 [특B / 국산]

(3) 사용년 수 = 3년 [2020 - 2017]

　　① 진단평가일 : 2020. 8. 20

　　② 최초등록일 : 2017. 5. 4

(4) 사용월 수 = 39개월 [(3 × 12) + 3]

(5) 사용년 계수 = 0.9 [사용년 : 3년]

(6) 기준가격 = 2,460만원 (보험개발원 기준가액)

(7) 보정가격(S) = 2,435만원 [2,460 - 25]

　　① 보정가격 산출식 : 기준가격 - ⓐ월별 보정가격 - ⓑ특성값 보정가격

　　② ⓐ월별 보정가격 = 기준가격 × 월별 감가율

　　　가. 월별 감가율 : 1% [3분기 / 8월]

　　　나. ⓐ월별 보정가격 = 25 [2,460 × 0.01 = 24.6 ≒ 25]

　　③ ⓑ특성값 보정가격 : 해당없음

　　④ 보정감가액 : -25만원

◎ 자동차 종합상태 평가

(1) 계기상태 및 주행거리 = 331

　　① 주행거리 가·감점 산출식(승용) =

$$\frac{(전년도 보정가격 - 보정가격)}{20} \times \frac{(표준주행거리 - 실주행거리)}{1,000} \times 잔가율$$

　　② 전년도 보정가격 : 2,679만원

　　③ 보정가격 : 2,435만원

　　④ 표준 주행거리 : 64,740 km [39 × 1.66 × 1,000]

　　⑤ 실 주행거리 : 12,500 km

　　⑥ 잔가율 : 0.518 [사용년 : 3년]

(2) 색상 = 0

    ① 검은색 : 기본색상 / 무채색 계열 : 감점 없음

(3) 주요 옵션 = 512 [2,435 × 0.21 = 511.35]

    ① 단품목 옵션 : 네비게이션, 파노라마 썬루프

    ② 패키지 옵션 : 안전장치(AVM패키지Ⅲ)와 편의장치(어드밴스드스마트크루즈컨트롤(ASCC))

    ② 패키지 옵션 가점 적용

        가. 가점률 : 안전장치 13%, 편의장치 8% [사용년 2~3년]

        나. 안전장치와 편의장치가 중복 장찬된 경우 가점률을 합산 적용

A. 차대번호가 부식되어 있다.

    ① 부식 : 불량 = 20

B. 배출가스 검사 : 일산화탄소 2.0%, 탄화수소 150 ppm

    ① 배출 허용기준 초과 : [가솔린 / 불량]

    ② 감가액 : 98 [60 × 1.8 × 0.9 = 97.2]

C. 듀얼 가변배기형 머플러로 개조한 것을 확인되었다.

    ① 불법 튜닝 감가액 : 130 [80 × 1.8 × 0.9 = 129.6]

D. 보험사고 수리이력 조회 결과 화재이력이 있는 것으로 확인되었다.

    ① 특별이력 : 손상이력 : 화재이력 감가액 = 877 [2,435×0.4×0.9= 876.6]

    ② 감점 산출 공식 : 보정가격 × 감점률 × 사용년 계수

    ※ 자동차 종합상태 합계(A) = −282만원 (331 – 20 – 98 – 130 – 877 + 512)

◎ 수리이력 평가

E. 동반석 뒤 도어 패널에 볼트 풀림 흔적이 있다.

F. 트렁크 리드의 안쪽부위의 실링 작업이 되어있지 않은 상태이다.

    ① 동반석 뒤 도어 : 교환 : X표시 (73)

    ② 트렁크 리드 : 교환 : X표시 (68)

    ③ 사고수리이력 감가액 산출 공식 :

$$\frac{\sqrt{보정가격 \times 사고수리이력감가계수(합)}}{4,8} \times 랭크별적용계수$$

    가. 보정가격 : 2,435

나. 사고수리이력 감가계수(합) : 141 [73 + 68]

다. 랭크별적용계수 : 1.0 [1랭크 / 국산]

④ 사고수리이력 감가액 = 123

※ 수리이력 합계(B) = −123만원

◎ 수리필요 평가

G. 운전석 쿼터패널(리어펜더) 부위에 7cm 길이의 흠집이 있다.

① 상태표시 부호 : 흠집 = A

② 결과표시 부호 : 가치감가 = R [신용카드 길이 미만의 흠집(긁힘)]

③ 감가액 : 9 [5 × 1.8 × 0.9 = 8.1]

④ 운전석 쿼터패널 = AR9

H. 운전석 프런트 범퍼 코너에 7cm 길이의 흠집이 있다.

① 상태표시 부호 : 흠집 = A

② 결과표시 부호 : 가치감가 = R [신용카드 길이 미만의 흠집(긁힘)]

③ 감가액 : 9 [5 × 1.8 × 0.9 = 8.1]

④ 프런트 범퍼 = AR9

I. 운전석 사이드미러에 균열이 있다.

① 상태표시 부호 : 균열 = T

② 결과표시 부호 : 교환 = X [균열, 변형 등 손상이 있는 경우]

③ 감가액 : 17 [10 × 1.8 × 0.9 ≒ 16.2]

④ 사이드미러 = TX17

J. 운전석(리어) 알루미늄 휠에 가벼운 흠집이 있다.

① 상태표시 부호 : 흠집 = A

② 결과표시 부호 : 가치감가 = R [가벼운 마찰흠집 등 교환하지 않아도 된다고
판단되는 상태의 경우]

③ 감가액 = 20 [22 × 0.9 = 19.8]

④ 휠 = AR20

K. 현재 타이어는 225/55/R18의 타이어가 장착되어 있으며, 각각의 타이어 홈의 깊이
는 아래[표]와 같다.

구 분	운전석	동반석
전 륜	7mm	7mm
후 륜	9mm	9mm
비상용 타이어	스페어 타이어 분실	

① 타이어 : 양호 : 감점없음

② 비상용 타이어 = 15 [교환 : 비상용 결품]

L. 프런트 유리의 하단부위에 40cm 정도의 균열이 있다

① 상태표시 부호 : 균열 = T

② 결과표시 부호 : 교환 = X [균열, 변형 등 결함이 있는 경우]

③ 감가액 = 30

④ 프런트 유리 = TX30

M. 실내에 흙먼지와 애완견 털로 오염이 되어져 있다.

① 감가액 = 25 [15 × 1.8 × 0.9 = 24.3]

※ 수리필요 합계(C) = −125만원 (35 + 20 + 15 + 30 + 25)

◎ 주요장치 평가

N. 자기진단결과 산소센서 이상 코드 점등

① 자기진단 : 원동기 = 불량

② 감가액 = 36 [40 × 0.9 = 36]

O. 라디에이터의 상단 캡 주변에 냉각수가 미세하게 누수되고 있으며 냉각수량이 부족
하다.

① 원동기 : 냉각수 누수 : 리디에이터 = 미세누수

② 감가액 = 0 [미세누수 = 보통]

③ 원동기 : 냉각수 누수 : 냉각수 수량 = 부족

④ 감가액 = 45 [50 × 0.9 = 45]

P. 동반석 앞 타이로드엔드 볼 죠인트가 손상되어 그리스 누유가 있다.

① 조향 : 작동상태 : 타이로드엔드 및 볼 조인트 = 불량

② 감가액 = 36 [40 × 0.9 = 36]

Q. 윈도우 작동 시 LO 위치에서는 작동되나 HI 위치에서는 작동되지 않는다.

① 전기 : 와이퍼 모터 기능 = 불량

② 감가액 = 18 [20 × 0.9 = 18]

R. 라디에이터 팬 모터에서 소음이 있다.

① 전기 : 라디에이터 팬모터 = 불량

② 감가액 = 27 [30 × 0.9 = 27]

S. 트렁크룸 안에 렌치, 스패너와 팬더그래프식 잭set,가 없으며 삼각표지대, 사용설명서는 모두 갖추고 있다.

① 보유상태 = 없음 / 잭세트, 공구(스패너)

② 감가액 = 8 [5 + 3 = 8]

※ 주요장치 합계(D) = −170만원 (36 + 45 + 36 + 18 + 27 + 8)

◎ 최종 진단평가 결과

① 보정가격(S) ± 가감점합계(A+B+C+D) = 진단평가가격(F)

② 2,435만원 ± 700만원 = 1,735만원

◎ 차량등급평가

① 1등급 [침수 및 화재차량]

7 **자동차진단평가 작성**

자동차진단평가서[검정용]

등급계수 : 1.8
사용년계수 : 0.9
잔가율 : 0.518

자동차 기본정보					
차　명	그랜저 3.0 (세부모델:　　　)		자동차 등록번호		
연　식		배기량	2999 cc	검사유효기간	
최초등록일	2017. 5. 4	진단평가일	2020. 8. 20	변속기 종류	[ ]자동　[ ]수동　[ ]세미오토
차대번호	KMHFH41LHBUE444613				[ ]무단변속기　[ ]기타
사용연료	[V]가솔린　[ ]디젤　[ ]LPG			[ ]하이브리드　[ ]기타	
원동기형식		사용년 수	3 년	총 개월수	39 개월
기준가격	2,460 만원	보정감가액(-)	25 만원	보정가격(S)	2,435 만원

자동차 종합상태 평가						
사용이력	상　태		종합상태 합계(A)	+ ⊖	282	만원
계기상태 및 주행거리	[ ]양호　[ ]불량		현재주행거리　12,500　km	+ -		만원
	[ ]많음　[ ]보통　[V]적음			⊕	331	만원
차대번호 표기	[ ]양호　[V]부식　[ ]훼손(오손)　[ ]상이　[ ]변조(변타)　[ ]도말			⊖	20	만원
배출가스	[V]일산화탄소[V]탄화수소　[ ]매연　2.0 %　150 ppm　%			+ ⊖	98	만원
튜　닝	[ ]없음　[V]있음　[ ]적법　[V]불법　[ ]구조　[V]장치			+ ⊖	130	만원
특별이력	[ ]없음　[V]있음　[V]손상이력　[ ]수리이력　[ ]특수사용이력			+ ⊖	877	만원
용도변경	[V]없음　[ ]있음　[ ]렌트　[ ]영업용　[ ]관용　[ ]직수입			+ -		만원
색　상	[V]무채색　[ ]유채색　[ ]전체도색　[ ]색상변경			+ -	0	만원
주요옵션	단품목(네비게이션, 썬루프) [ ]없음　[ ]있음　[V]양호　[ ]불량			+ -		만원
	패키지(안전장치, 편의장치) [ ]없음　[V]있음　[V]양호　[ ]불량			⊕ -	512	만원

수리이력 · 수리필요 평가						

※ 상태표시 부호: 수리이력 (X, W)　수리필요 (A, U, C, T, R, P, X)

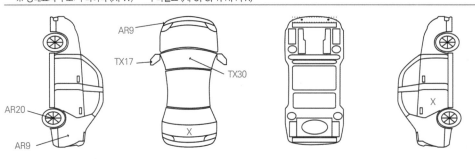

수리이력	[ ]사고　[ ]단순수리		수리이력 합계(B)		123	만원
외 판 부 위	1 랭크	[ ]1.후드　[ ]2.프론트펜더　[V]3.도어　[V]4.트렁크 리드　[ ]5.라디에이터서포트 (볼트체결부품)				
	2 랭크	[ ]6.쿼터패널(리어펜더)　[ ]7.루프패널　[ ]8.사이드실패널				
주 요 골 격	A 랭크	[ ]9.프론트패널　[ ]10.크로스멤버　[ ]11.인사이드패널　[ ]17.트렁크플로어　[ ]18.리어패널				
	B 랭크	[ ]12.사이드멤버　[ ]13.휠 하우스　[ ]14.필러패널([ ]A,[ ]B,[ ]C)　[ ]19.패키지트레이				
	C 랭크	[ ]15.대쉬패널　[ ]16.플로패널				

수리필요	상　태		수리필요 합계(C)		125	만원
외 장	[ ]양호　[V]불량	[V]패널　[V]범퍼　[V]미러　[ ]헤드램프　[ ]리어램프			35	만원
내 장	[ ]양호　[ ]불량	[ ]대시보드　[ ]씨트　[ ]매트　[ ]천장　[ ]도어내부				만원
휠	[ ]양호　[V]불량	[ ]운/앞　[V]운/뒤　[ ]동/앞　[ ]동/뒤			20	만원
타 이 어	[ ]양호　[ ]불량	[ ]운/앞　[ ]운/뒤　[ ]동/앞　[ ]동/뒤				만원
응급타이어	[ ]양호　[V]불량	[V]스페어　[ ]템퍼　[ ]SST			15	만원
유 리	[ ]양호　[V]불량				30	만원
광 택	[ ]양호　[ ]불량					만원
룸 크리닝	[ ]양호　[V]불량	[V]흔적　[ ]냄새			25	만원

사단법인 한국자동차진단보증협회

차종 [v]승용 [ ]SUV [ ]RV [ ]승합 [ ]화물
등급 [ ]특A [v]특B [ ]특C [ ] I [ ] II [ ] III [ ]경

주요장치 평가

주요장치	항목 / 해당부품		주요장치 합계(D)				170	**만원**
자기진단	원동기		[ ]양호 [V]불량			36 만원	36	만원
	변속기		[ ]양호 [ ]불량			만원		
원동기	작동상태(공회전)		[ ]양호 [ ]불량			만원	45	만원
	오일누유	로커암 커버	[ ]없음 [ ]미세누유 [ ]누유			만원		
		실린더 헤드 가스켓	[ ]없음 [ ]미세누유 [ ]누유			만원		
		오일팬	[ ]없음 [ ]미세누유 [ ]누유			만원		
	오일유량		[ ]적정 [ ]부족			만원		
	냉각수 누수	실린더 헤드 가스켓	[ ]없음 [ ]미세누수 [ ]누수			만원		
		워터펌프	[ ]없음 [ ]미세누수 [ ]누수			만원		
		라디에이터	[ ]없음 [V]미세누수 [ ]누수			0 만원		
		냉각수 수량	[ ]적정 [V]부족			45 만원		
	고압펌프(커먼레일) – 디젤엔진		[ ]양호 [ ]불량			만원		
변속기	자동 변속기 (A/T)	오일누유	[ ]없음 [ ]미세누유 [ ]누유			만원	만원	
		오일 유량 및 상태	[ ]적정 [ ]부족 [ ]과다			만원		
		작동상태(공회전)	[ ]양호 [ ]불량			만원		
	수동 변속기 (M/T)	오일누유	[ ]없음 [ ]미세누유 [ ]누유			만원		
		기어변속 장치	[ ]양호 [ ]불량			만원		
		오일유량 및 상태	[ ]적정 [ ]부족 [ ]과다			만원		
		작동상태(공회전)	[ ]양호 [ ]불량			만원		
동력전달	클러치 어셈블리		[ ]양호 [ ]불량			만원	만원	
	등속죠인트		[ ]양호 [ ]불량			만원		
	추진축 및 베어링		[ ]양호 [ ]불량			만원		
	디퍼런셜기어		[ ]양호 [ ]불량			만원		
조향	동력조향 작동 오일 누유		[ ]없음 [ ]미세누유 [ ]누유			만원	36 만원	
	작동상태	스티어링 펌프	[ ]양호 [ ]불량			만원		
		스티어링 기어(MDPS포함)	[ ]양호 [ ]불량			만원		
		스티어링조인트	[ ]양호 [ ]불량			만원		
		파워고압호스	[ ]양호 [ ]불량			만원		
		타이로드엔드 및 볼 조인트	[ ]양호 [V]불량			36 만원		
제동	브레이크 마스터 실린더 오일 누유		[ ]없음 [ ]미세누유 [ ]누유			만원	만원	
	브레이크 오일 누유		[ ]없음 [ ]미세누유 [ ]누유			만원		
	배력장치 상태		[ ]양호 [ ]불량			만원		
전기	발전기 출력		[ ]양호 [ ]불량			만원	45 만원	
	시동 모터		[ ]양호 [ ]불량			만원		
	와이퍼 모터 기능		[ ]양호 [V]불량			18 만원		
	실내 송풍 모터		[ ]양호 [ ]불량			만원		
	라디에이터 팬 모터		[ ]양호 [V]불량			27 만원		
	윈도우 모터		[ ]양호 [ ]불량			만원		
기 타	연료누출(LP 가스포함)		[ ]양호 [ ]불량			만원		
보유상태	[V]없음 (□ 사용설명서, □ 안전삼각대, ☑ 잭, ☑ 스패너) ※ 없는 항목만 평가함, 체크가 없는 품목은 보유상태임					8 만원		

최종 진단평가 결과

보 정 가 격 (S)	±	가 감 점 합 계 (A+B+C+D)	=	진 단 평 가 가 격 (F)	
2,435 만원		700 만원		1,735 만원	

차 량 등급평가	(1등급)	2등급	3등급	4등급	5등급
	6등급	7등급	8등급	9등급	10등급

자동차진단평가실무

실기 연습문제(3)

● 차명: 레이

1 자동차등록증

* 실제 등록증과 차이가 있을 수 있음.

자 동 차 등 록 증

제 201211-000000호   최초등록일 : 2012년 07월 27일

자동차등록번호	58우1858	차　　종	경형 승용	③ 용도	자가용
차　　　명	레이	형식 및 년식	**TAM51BD-S-92**	**2013**	
차 대 번 호	**KNACJ811BDT035826**	원동기 형식	G3LA		
사 용 본 거 지	서울시 영등포구 여의도동 극동빌딩 812호				

소유자	성 명 (명칭)	자동차진단평가사	주민(사업자) 등 록 번 호	123456-1234567
	주　　소	서울시 성동구 성수1가 656-1110		

자동차관리법 제8조의 규정에 의하여 위와 같이 등록하였음을 증명합니다.

2016년   07월   25일

서 울 시 장

1. 제원

형식승인번호	A08-1-00083-0002-1209		
길　이	3596mm	너비	1595 mm
높　이	1700mm	총중량	1325 kg
배기량	998cc	정 격 출 력	78/640/ ps/rpm
승 차 정 원	5명	최 대 적재량	0　kg
기통수	3기통	연료의 종 류	휘발유(무연) (연비13.3km/ℓ)

2. 등록번호판 교부 및 봉인

구분	번호판교부일	봉인일	교부대행자인

3. 저당권등록

구분(설정 또는 말소)	일자

※ 기타 저당권 등록의 내용은 자동차 등록원부를 열람.확인하시기 바랍니다.

4. 검사유효기간

연월일부터	연월일까지	주 행 거 리	검 사 시행장소
2012-07-27	2016-07-26		
2016-07-27	2018-07-26		
2018-07-27	2020-07-26	18,644Km	
2020-07-27	2022-07-26		

※ 주의사항

※ 자동차출고(취득)가격 : 17,330,000원(부가세 포함)

6. 구조·장치변경사항

※ 전조등 BL-9G12V-SP(H7) 튜닝 : 2019. 7. 26
　(장착비용 80만원)

2 중고자동차성능·상태점검기록부 설정사항

1. 주행거리 표시기 고장으로 주행거리가 불분명한 것으로 확인되었다.

2. 전조등 BL-9G12V-SP(H7) 튜닝하였다. (거래명세서 장착비용 80만원)

3. 사용이력 조회결과 자가용으로 확인되었다.

4. 동반석 리어 도어 패널부위에 실링이 없다.

5. 자기진단 결과 에어플로워센서(AFS)가 불량으로 진단되었다.

6. 라디에이터 호스 크랙으로 미세누수가 있으며, 냉각수량이 부족하다.

7. 미션오일 게이지를 확인한 결과 F(Full)와 L(Low)사이에 위치한다.

8. 운전석 앞 등속조인트 부트의 손상으로 그리스가 외부로 누출된 상태이다.

9. 발전기 출력 전압은 14V로 확인되었다.

10. 실내 송풍모터가 정상적으로 작동하지 않는다.

※ 참고사항

– 수리상태 및 성능상태 체크항목 판단기준

① 사고이력 인정은 사고로 자동차 주요 골격 부위의 판금, 용접수리 및 교환이 있는 경우로 한정합니다. 단, 쿼터패널, 루프패널, 사이드실패널 부위는 절단, 용접 시에만 사고로 표기합니다.

② 후드, 프론트펜더, 도어, 트렁크리드 등 외판 부위 및 범퍼에 대한 판금, 용접수리 및 교환은 단순수리로서 사고에 포함되지 않습니다.

③ 체크항목 판단기준(예시)
- 미세누유(미세누수): 해당부위에 오일(냉각수)이 비치는 정도로서 부품 노후로 인한 현상
- 누유(누수): 해당부위에서 오일(냉각수)이 맺혀서 떨어지는 상태
- 부식: 차량하부와 외판의 금속표면이 화학반응에 의해 금속이 아닌 상태로 상실되어 가는 현상(단순히 녹슬어 있는 상태는 제외합니다)
- 침수: 자동차의 원동기, 변속기 등 주요장치 일부가 물에 잠긴 흔적이 있는 상태

3 중고자동차성능·상태점검기록부 정답 및 해설

1. 주행거리 표시기 고장으로 주행거리가 불분명한 것으로 확인되었다.

   풀이 계기상태 및 주행거리 → ② 불량

2. 전조등 BL-9G12V-SP(H7) 튜닝하였다. (거래명세서 장착비용 80만원)

   풀이 튜닝 → ② 있음, ③ 적법, ⑥ 장치

3. 사용이력 조회결과 자가용으로 확인되었다.

   풀이 용도변경 → ① 없음

4. 동반석 리어 도어 패널부위에 실링이 없다.

   풀이 ① 외판부위 → 1랭크 → ③ 도어

   　　　② 상태표시 부호 → Ⅹ 교환

   　　　③ 사고이력/단순수리 → Ⅾ 있음

5. 자기진단 결과 에어플로워센서(AFS)가 불량으로 진단되었다.

   풀이 자기진단 → 원동기 → ② 불량

6. 라디에이터 호스 크랙으로 미세누수가 있으며, 냉각수량이 부족하다.

   풀이 ① 원동기 → 냉각수 누수 → 라디에이터 → ⑧ 미세누수

   　　　② 원동기 → 냉각수 누수 → 냉각수 수량 → ⑪ 부족

7. 미션오일 게이지를 확인한 결과 F(Full)와 L(Low)사이에 위치한다.

   풀이 변속기 → 자동변속기(A/T) → 오일유량 및 상태 → ④ 적정

8. 운전석 앞 등속조인트 부트의 손상으로 그리스가 외부로 누출된 상태이다.

   풀이 동력전달 → 등속조인트 → ④ 불량

9. 발전기 출력 전압은 14V로 확인되었다.

   풀이 전기 → 발전기 출력 → ① 양호

10. 실내 송풍모터가 정상직으로 작동하지 않는다.

    풀이 전기 → 실내송품 모터 → ⑧ 불량

중고자동차성능 · 상태점검기록부 [검정용]

〈본 성능 · 상태점검기록부는 검정용으로 실제 중고자동차성능 · 상태점검기록부와 다릅니다.〉

제　　　　호　　※ 자동차가격조사 · 산정은 매수인이 원하는 경우 제공하는 서비스 입니다.

자동차 기본정보
(가격산정 기준가격은 매수인이 자동차가격조사·산정을 원하는 경우에만 적습니다)

차명		(세부모델 :)		자동차등록번호					
연식		검사유효기간			년 월 일 ~ 년 월 일				
최초등록일				변속기 종류	[ ]자동 [ ]수동 [ ]세미오토				
차대번호					[ ]무단변속기 [ ]기타( )				
사용연료	[ ]가솔린 [ ]디젤 [ ]LPG [ ]하이브리드 [ ]전기 [ ]수소전기 [ ]기타								
원동기형식		보증유형	[ ]자가보증 [ ]보험사보증 보험사[ ]				가격산정 기준가격		만원

자동차 종합상태
(색상, 주요옵션, 가격조사·산정액 및 특기사항은 매수인이 자동차가격조사·산정을 원하는 경우에만 적습니다)

사용이력	상　태	항목 / 해당부품	가격조사·산정액 및 특기사항
계기상태 및	① 양호　②불량	현재 주행거리 [ ]	만원
주행거리	③ 많음　④ 보통　⑤ 적음		만원
차대번호 표기	① 양호　② 부식　③ 훼손(오손)　④ 상이　⑤ 변조(변타)　⑥ 도말		만원
배출가스	① 일산화탄소 ② 탄화수소 ③ 매연	%, ppm, %	만원
튜닝	① 없음　②있음 ｜ ③ 적법　④ 불법　⑤ 구조　⑥ 장치		만원
특별이력	① 없음　② 있음 ｜ ③ 침수　④ 화재		만원
용도변경	① 없음　② 있음 ｜ ③ 렌드　④ 영업용		만원
색　상	무채색　유채색	전체도색　색상변경	만원
주요옵션	있음　없음	썬루프　내비게이션 [ ]기타	만원
리콜대상	해당없음　해당	리콜이행　이행　미이행	

사고·교환·수리 등 이력
(가격조사·산정액 및 특기사항은 매수인이 자동차가격조사·산정을 원하는 경우에만 적습니다)

※ 상태표시 부호 : X (교환), W (판금 또는 용접), C (부식), A (흠집), U (요철), T (손상)
※ 하단 항목은 승용차 기준이며, 기타 자동차는 승용차에 준하여 표시

상태표시 부호	Ⓧ 교환	Ⓦ 판금 또는 용접		
사고이력 (유의사항 4 참조)	Ⓐ 없음　Ⓑ 있음	단순수리		Ⓒ 없음 Ⓓ 있음

교환,판금 등 이상 부위			가격조사·산정액 및 특기사항
외판부위	1랭크	① 후드　② 프론트펜더　③ 도어　④ 트렁크 리드 ⑤ 라디에이터서포트(볼트체결부품)	
	2랭크	⑥ 쿼터패널(리어펜더)　⑦ 루프패널　⑧ 사이드실패널	
주요골격	A랭크	⑨ 프론트패널　⑩ 크로스멤버　⑪ 사이드패널 ⑰ 트렁크플로어　⑱ 리어패널	만원
	B랭크	⑫ 사이드멤버　⑬ 휠하우스 ⑭ 필러패널 ([ ]A, [ ]B, [ ]C)　⑲ 패키지트레이	
	C랭크	⑮ 대쉬패널　⑯ 플로어패널	

자동차 세부상태			
(가격조사·산정액 및 특기사항은 매수인이 자동차가격조사·산정을 원하는 경우에만 적습니다)			
주요장치	항목 / 해당부품	상 태	가격조사·산정액 및 특기사항
자기진단	원동기	① 양호 ② 불량	만원
	변속기	③ 양호 ④ 불량	
원동기	작동상태(공회전)	① 양호 ② 불량	만원
	오일누유 실린더 커버(로커암 커버)	③ 없음 ④ 미세누유 ⑤ 누유	
	오일누유 실린더 헤드 / 개스킷	⑥ 없음 ⑦ 미세누유 ⑧ 누유	
	오일누유 실린더 블록 / 오일팬	⑨ 없음 ⑩ 미세누유 ⑪ 누유	
	오일 유량	⑫ 적정 ⑬ 부족	
	냉각수 누수 실린더 헤드 / 개스킷	① 없음 ② 미세누수 ③ 누수	
	냉각수 누수 워터펌프	④ 없음 ⑤ 미세누수 ⑥ 누수	
	냉각수 누수 라디에이터	⑦ 없음 ⑧ 미세누수 ⑨ 누수	
	냉각수 누수 냉각수 수량	⑩ 적정 ⑪ 부족	
	커먼레일	⑫ 양호 ⑬ 불량	
변속기	자동변속기(A/T) 오일누유	① 없음 ② 미세누유 ③ 누유	만원
	자동변속기(A/T) 오일유량 및 상태	④ 적정 ⑤ 부족 ⑥ 과다	
	자동변속기(A/T) 작동상태(공회전)	⑦ 양호 ⑧ 불량	
	수동변속기(M/T) 오일누유	⑨ 없음 ⑩ 미세누유 ⑪ 누유	
	수동변속기(M/T) 기어변속장치	⑫ 양호 ⑬ 불량	
	수동변속기(M/T) 오일유량 및 상태	⑭ 적정 ⑮ 부족 ⑯ 과다	
	수동변속기(M/T) 작동상태(공회전)	⑰ 양호 ⑱ 불량	
동력전달	클러치 어셈블리	① 양호 ② 불량	만원
	등속조인트	③ 양호 ④ 불량	
	추진축 및 베어링	⑤ 양호 ⑥ 불량	
	디퍼렌셜 기어	⑦ 양호 ⑧ 불량	
조향	동력조향 작동 오일 누유	① 없음 ② 미세누유 ③ 누유	만원
	작동상태 스티어링 펌프	④ 양호 ⑤ 불량	
	작동상태 스티어링 기어(MDPS포함)	⑥ 양호 ⑦ 불량	
	작동상태 스티어링조인트	⑧ 양호 ⑨ 불량	
	작동상태 파워고압호스	⑩ 양호 ⑪ 불량	
	작동상태 타이로드 엔드 및 볼 조인트	⑫ 양호 ⑬ 불량	
제동	브레이크 마스터 실린더오일 누유	① 없음 ② 미세누유 ③ 누유	만원
	브레이크 오일 누유	④ 없음 ⑤ 미세누유 ⑥ 누유	
	배력장치 상태	⑦ 양호 ⑧ 불량	
전기	발전기 출력	① 양호 ② 불량	만원
	시동 모터	③ 양호 ④ 불량	
	와이퍼 모터 기능	⑤ 양호 ⑥ 불량	
	실내송풍 모터	⑦ 양호 ⑧ 불량	
	라디에이터 팬 모터	⑨ 양호 ⑩ 불량	
	윈도우 모터	⑪ 양호 ⑫ 불량	
고전원 전기장치	충전구 절연 상태	[ ]양호 [ ]불량	만원
	구동축전지 격리 상태	[ ]양호 [ ]불량	
	고전원전기배선 상태 (접속단자, 피복, 보호기구)	[ ]양호 [ ]불량	
연료	연료누출(LP가스포함)	① 없음 ② 있음	만원
「자동차관리법」제58조 및 같은 법 시행규칙 120조에 따라 중고자동차 성능·상태점검하였음을 확인합니다.			
중고자동차 성능·상태 점검자 (인)			

4 중고자동차성능·상태점검기록부 OMR답안지 작성

중고자동차성능·상태점검기록부 OMR답안지

중고자동차성능·상태점검기록부에 체크한 사항을 아래 마킹하셔야 합니다.

5 자동차진단평가 설정사항

▶ 평가차량은 레이2 럭셔리 A/T (세부모델) 검은색상의 차종으로 자동에어컨, 에어백, 자동
변속기, ABS, TCS, 파워윈도우, 전동조절식미러, 알루미늄 휠, ECM룸미러, 템퍼타이어 등
기본옵션에 추가로 네비게이션을 단품목 옵션으로 장착하여 출고되었다.

▶ 신차가격 : 1,733만원이다.(부가세 포함)

▶ 주행거리 : 22,776km

▶ 자동차진단평가일 : 2021년 5월 29일

A. 주행거리 표시기 고장으로 주행거리가 불분명한 것으로 확인되었다.

B. 배출가스 검사: 일산화탄소(CO) 2.5% 탄화수소(HC):200ppm

C. 전조등 BL-9G12V-SP(H7) 튜닝하였다. (거래명세서 장착비용 80만원)

D. 카히스토리 보험사고 수리이력 조회 결과 2018년 전손이력 확인을 확인하였다.

E. 네비게이션 고장으로 수리견적서 20만원을 발급받았다.

F. 동반석 리어 도어 패널 부위에 실링이 없다.

G. 운전석 쿼터패널에 약 12cm의 흠집이 있다.

H. 동반석 쪽 리어 범퍼에 신용카드 길이 미만의 흠집이 있다.

I. 동반석 뒤 알루미늄 휠에 가벼운 흠집이 있다.

J. 타이어는 175/50R-15의 타이어가 장착되어 있으며, 각각의 타이어 홈의 깊이는 아래
[표]와 같다.

구 분	운전석	동반석
전 륜	4mm	4mm
후 륜	2mm	6mm
비상용 타이어	템퍼타이어 분실	

K. 운전석 앞 유리에 돌이 튀어 생긴 별모양 손상 1곳을 확인하였다.

L. 실내에 담배 및 애완견 냄새가 있다.

M. 자기진단 결과 에어플로워센서(AFS)가 불량으로 진단되었다.

N. 라디에이터 호스 크랙으로 미세누수가 있으며, 냉각수량이 부족하다.

O. 운전석 앞 등속조인트 부트의 손상으로 그리스가 외부로 누출된 상태이다.

P. 실내 송풍모터가 정상적으로 작동하지 않는다.

Q. 스패너, 팬더 그래프식 잭세트가 없다.

6 자동차진단평가 정답 및 해설

◎ 자동차 기본정보

    (1) 등급분류 = 경 [승용 / ~1.1cc미만]

    (2) 등급계수 = 0.8 [경 / 국산]

    (3) 사용년 수 = 9년 [2021 - 2012]

        ① 진단평가일 : 2021. 5. 29

        ② 최초등록일 : 2012. 7. 27

    (4) 사용월 수 = 106개월 [(9 × 12) - 2]

    (5) 사용년 계수 = 0.7 [사용년 : 9년]

    (6) 기준가격 = 459만원

        ① 기준가격 산출식 : 최초 기준가액 × 감가율 계수의 감가율(%)

        ② 최초 기준가액 : 1,733만원

        ③ 감가율 계수 : 124 [11 + (9 × 12) + 5]

        ④ 감가율 계수의 감가율(%) = 26.48%

    (7) 보정가격(S) = 459만원

        ① 보정가격 산출식 : 기준가격 - ⓐ월별 보정가격 - ⓑ특성값 보정가격

        ② ⓐ월별 보정가격 : 해당없음

        ③ ⓑ특성값 보정가격 : 해당없음

        ④ 보정감가액 : 0만원

◎ 자동차 종합상태 평가

A. 주행거리 표시기 고장으로 주행거리가 불분명한 것으로 확인되었다.

    ① 주행거리 표시기가 고장인 경우, 조작흔적이 있는 경우는 보정가격의 30%를 감점한다.

    ② 감가액 : 138 [459 × 0.3 = 137.7]

    (1) 계기상태 및 주행거리 = 69

    ① 주행거리 가·감점 산출식(승용) =

$$\frac{(전년도\,보정가격-보정가격)}{20} \times \frac{(표준\,주행거리-실주행거리)}{1,000} \times 잔가율$$

② 전년도 보정가격 : 505만원

③ 보정가격 : 459만원

④ 표준 주행거리 : 175,960 km [106 × 1.66 × 1,000]

⑤ 실 주행거리 : 22,776 km

⑥ 잔가율 : 0.262 [사용년 : 9년]

⑦ 주행거리 평가 가점은 보정가격의 15%를 초과할 수 없다.

　　가. 주행거리 가점 : 93

　　나. 보정가격의 15% : 69

(2) 색상 = 0

① 검은색 : 기본색상 / 무채색 계열 : 감점 없음

(3) 주요 옵션 = 12 [30 - 18]

① 단품목 옵션 : 네비게이션

② 네비게이션 옵션 가점 : 30 [국산 / 네비게이션 / 6년~]

③ 네비게이션 고장 감점 : 18 [20 × 0.9]

　　가. 수리견적비용 : 20만원

　　나. 감점 : 견적액 × 0.9

B. 배출가스 검사: 일산화탄소(CO) 2.5%　탄화수소(HC) 200ppm

① 배출 허용기준 초과 : [가솔린 / 불량]

② 감가액 : 34 [60 × 0.8 × 0.7 = 33.6]

C. 전조등 BL-9G12V-SP(H7) 튜닝, 거래명세서 80만원

① 튜닝 : 있음 / 적법 / 장치 = 42 [80 × 0.518 × 1.0 = 41.44]

② 적법 튜닝 감점 산출 공식 : 튜닝 비용 × 잔가율 × 사용년 계수

　　가. 튜닝비용 : 80

　　나. 잔가율 : 0.518 [국산 / 당년~3년]

　　다. 사용년 계수 : 1.0 [국산 / 당년~2년]

D. 카히스토리 보험사고 수리이력 조회 결과 2018년 전손이력 확인을 확인하였다.

① 수리이력 감점 : 전손이력

② 감가액 : 33 [459 × 0.1 × 0.7 = 32.13]

E. 네비게이션 고장으로 수리견적서 20만원을 발급받았다.

① 주요 옵션에 반영

※ 자동차 종합상태 합계(A) = −82만원 (−138 + 69 – 34 + 42 – 33 + 12)

◎ 수리이력 평가

F. 동반석 리어 도어 패널부위에 실링이 없다.

① 동반석 리어 도어 : 교환 : X 표시 (27 → 13.5)

② 1랭크 부위 중 1곳만 교환수리이고 다른 부위의 사고수리이력이 없는 경우
감가계수의 50%적용

③ 사고수리이력 감가액 산출 공식 :

$$\frac{\sqrt{보정가격 \times 사고수리이력감가계수(합)}}{4,8} \times 랭크별적용계수$$

가. 보정가격 : 459

나. 사고수리이력 감가계수(합) : 13.5

다. 랭크별적용계수 : 1.0 [1랭크 / 국산]

④ 사고수리이력 감가액 = 17

※ 수리이력 합계(B) = −17만원

◎ 수리필요 평가

G. 운전석 쿼터패널에 약 12cm의 흠집이 있다.

① 상태표시 부호 : 흠집 = A

② 결과표시 부호 : 도장 = P [신용카드 길이 이상의 흠집(긁힘)]

③ 감가액 : 6 [10 × 0.8 × 0.7 = 5.6]

④ 운전석 쿼터패널 = AP6

H. 동반석 쪽 리어 범퍼에 신용카드 길이 미만의 흠집이 있다.

① 상태표시 부호 : 흠집 = A

② 결과표시 부호 : 가치감가 = R [신용카드 길이 미만의 흠집(긁힘)]

③ 감가액 : 3 [5 × 0.8 × 0.7 = 2.8]

④ 리어 범퍼 = AR3

I. 동반석 뒤 알루미늄 휠에 가벼운 흠집이 있다.

① 상태표시 부호 : 흠집 = A

② 결과표시 부호 : 가치감가 = R [가벼운 마찰흠집 등 교환하지 않아도 된다고 판

단되는 상태의 경우]

③ 감가액 = 10 [14 × 0.7 = 9.8]

④ 휠 = AR10

J. 타이어는 175/50R-15의 타이어가 장착되어 있으며, 각각의 타이어 홈의 깊이는 아래[표]와 같다.

구 분	운전석	동반석
전 륜	4mm	4mm
후 륜	2mm	6mm
비상용 타이어	탬퍼타이어 분실	

① 운전석 / 앞 = AR11

　가. 상태표시 부호 : 마모상태 = A

　나. 결과 표시부호 : 가치감가 = R [1.6mm 초과 5mm 이하]

　다. 감가액 = 11 [15 × 0.7 = 10.5]

② 운전석 / 뒤 = AR11

　가. 상태표시 부호 : 마모상태 = A

　나. 결과 표시부호 : 가치감가 = R [1.6mm 초과 5mm 이하]

　다. 감가액 = 11 [15 × 0.7 = 10.5]

③ 동반석 / 앞 = AR11

　가. 상태표시 부호 : 마모상태 = A

　나. 결과 표시부호 : 가치감가 = R [1.6mm 초과 5mm 이하]

　다. 감가액 = 11 [15 × 0.7 = 10.5]

④ 비상용 타이어 = 10 [교환 : 비상용 결품]

K. 운전석 앞 유리에 돌이 튀어 생긴 별모양 손상 1곳을 확인하였다.

① 상태표시 부호 : [유리] 별모양 = A

② 결과표시 부호 : 가치감가 = R [별모양 1곳]

③ 감가액 = 11 [15 × 0.7 = 10.5]

④ 프런트 유리 = AR11

L. 실내에 담배 및 애완견 냄새가 있다.

① 감가액 = 9 [15 × 0.8 × 0.7 = 8.4]

　　　※ 수리필요 합계(C) = -82만원 (9 + 10 + 33 + 10 + 11 + 9)

◎ 주요장치 평가

    M. 자기진단 결과 : 에어플로워센서(AFS) 이상

        ① 자기진단 : 원동기 = 불량

        ② 감가액 = 18 [25 × 0.7 = 17.5]

    N. 라디에이터 호스 크랙으로 미세누수가 있으며, 냉각수량이 부족하다

        ① 원동기 : 냉각수 누수 : 라디에이터 = 미세누수

        ② 감가액 = 0 [보통 : 8년 이상 또는 주행거리 15만km이상 차량은 감점하지 않
            는다.]

        ③ 원동기 : 냉각수 누수 : 냉각수 수량 = 부족

        ④ 감가액 = 21 [30 × 0.7 = 21]

    O. 운전석 앞 등속조인트 부트의 손상으로 그리스가 외부로 누출된 상태이다.

        ① 동력전달 : 등속조인트 = 불량

        ② 감가액 = 14 [20 × 0.7 = 14]

    P. 실내 송풍모터가 정상적으로 작동하지 않는다.

        ① 전기 : 실내 송풍 모터 = 불량

        ② 감가액 = 25 [35 × 0.7 = 24.5]

    Q. 스패너, 팬더 그래프식 잭세트가 없다.

        ① 보유상태 = 없음 / 스패너, 잭세트

        ② 감가액 = 8 [3 + 5 = 8]

               ※ 주요장치 합계(D) = −86만원 (18 + 0 + 21 + 14 + 25 + 8)

◎ 최종 진단평가 결과

        ① 보정가격(S) ± 가감점합계(A+B+C+D) = 진단평가가격(F)

        ② 459만원 ± 267만원 = 192만원

◎ 차량등급평가

        ① 2등급 [전손, 수리이력차량]

7 **자동차진단평가 작성**

자 동 차 진 단 평 가 서 [검 정 용]

등급계수 : 0.8
사용년계수 : 0.7
잔가율 : 0.262

자동차 기본정보

차 명	레이2	(세부모델:	)	자동차 등록번호	
연 식		배기량	998 cc	검사유효기간	
최초등록일	2012. 7. 27	진단평가일	2021. 5. 29	변속기 종류	[V]자동 [ ]수동 [ ]세미오토
차대번호	KNACJ811BDT035826				[ ]무단변속기 [ ]기타
사용연료	[V]가솔린 [ ]디젤 [ ]LPG		[ ]하이브리드	[ ]기타	
원동기형식		사용년 수	9 년	총 개월수	106 개월
기준가격	459 만원	보정감가액(-)	0 만원	보정가격(S)	459 만원

자동차 종합상태 평가

사용이력	상 태		종합상태 합계(A)	+ ⊖	82	만원
계기상태 및 주행거리	[ ]양호 [V]불량		현재주행거리 [22,776 km]	+ ⊖	138	만원
	[ ]많음 [ ]보통 [V]적음			⊕ -	69	만원
차대번호 표기	[ ]양호 [ ]부식 [ ]훼손(오손) [ ]상이 [ ]변조(변타) [ ]도말					만원
배출가스	[V]일산화탄소[V]탄화수소 [ ]매연	2.5 % 200 ppm %		+ ⊖	34	만원
튜 닝	[ ]없음 [ ]있음 [V]적법 [ ]불법 [ ]구조 [V]장치			⊕ -	42	만원
특별이력	[ ]없음 [ ]있음 [ ]손상이력 [V]수리이력 [ ]특수사용이력			+ ⊖	33	만원
용도변경	[ ]없음 [ ]있음 [ ]렌트 [ ]영업용 [ ]관용 [ ]직수입			+ -		만원
색 상	[V]무채색 [ ]유채색 [ ]전체도색 [ ]색상변경			+ -	0	만원
주요옵션	단품목(네비게이션, 썬루프) [ ]없음 [V]있음 [ ]양호 [V]불량			⊕ -	12	만원
	패키지(안전장치, 편의장치) [ ]없음 [ ]있음 [ ]양호 [ ]불량			+ -		만원

수리이력 · 수리필요 평가

※ 상태표시 부호: 수리이력 (X, W) 수리필요 (A, U, C, T, R, P, X)

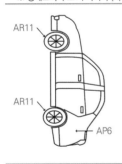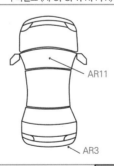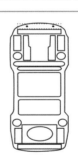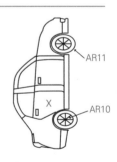

수리이력			[ ]사고 [V]단순수리		수리이력 합계(B)	17	만원
외 판 부 위	1 랭크	[ ]1.후드 [ ]2.프론트펜더 [V]3.도어 [ ]4.트렁크 리드 [ ]5.라디에이터서포트 (볼트체결부품)					
	2 랭크	[ ]6.쿼터패널(리어펜더) [ ]7.루프패널 [ ]8.사이드실패널					
주 요 골 격	A 랭크	[ ]9.프론트패널 [ ]10.크로스멤버 [ ]11.인사이드패널 [ ]17.트렁크플로어 [ ]18.리어패널					
	B 랭크	[ ]12.사이드멤버 [ ]13.휠 하우스 [ ]14.필러패널([ ]A, [ ]B, [ ]C) [ ]19.패키지트레이					
	C 랭크	[ ]15.대쉬패널 [ ]16.플로패널					
수리필요		상 태		수리필요 합계(C)		82	만원
외 장		[ ]양호 [V]불량	[V]패널 [V]범퍼 [ ]미러 [ ]헤드램프 [ ]리어램프		9	만원
내 장		[ ]양호 [ ]불량	[ ]대시보드 [ ]씨트 [ ]매트 [ ]천장 [ ]도어내부			만원
휠		[ ]양호 [V]불량	[ ]운/앞 [ ]운/뒤 [ ]동/앞 [V]동/뒤		10	만원
타 이 어		[ ]양호 [V]불량	[V]운/앞 [V]운/뒤 [ ]동/앞 [ ]동/뒤		33	만원
응급타이어		[ ]양호 [V]불량	[ ]스페어 [V]템퍼 [ ]SST		10	만원
유 리		[ ]양호 [V]불량			11	만원
광 택		[ ]양호 [ ]불량				만원
룸 크리닝		[ ]양호 [V]불량	[ ]흔적 [V]냄새		9	만원

사단법인 한국자동차진단보증협회

차종 [v]승용 [ ]SUV [ ]RV [ ]승합 [ ]화물
등급 [ ]특A [ ]특B [ ]특C [ ]Ⅰ [ ]Ⅱ [ ]Ⅲ [v]경

주요장치 평가					
주요장치	**항목 / 해당부품**	**주요장치 합계(D)**		86	**만원**
자기진단	원동기	[ ]양호 [V]불량	18 만원	18	만원
	변속기	[ ]양호 [ ]불량	만원		
원동기	작동상태(공회전)	[ ]양호 [ ]불량	만원	21	만원
	오일누유 로커암 커버	[ ]없음 [ ]미세누유 [ ]누유	만원		
	오일누유 실린더 헤드 가스켓	[ ]없음 [ ]미세누유 [ ]누유	만원		
	오일누유 오일팬	[ ]없음 [ ]미세누유 [ ]누유	만원		
	오일유량	[ ]적정 [ ]부족	만원		
	냉각수 누수 실린더 헤드 가스켓	[ ]없음 [ ]미세누수 [ ]누수	만원		
	냉각수 누수 워터펌프	[ ]없음 [ ]미세누수 [ ]누수	만원		
	냉각수 누수 라디에이터	[ ]없음 [V]미세누수 [ ]누수	0 만원		
	냉각수 누수 냉각수 수량	[ ]적정 [V]부족	21 만원		
	고압펌프(커먼레일) – 디젤엔진	[ ]양호 [ ]불량	만원		
변속기	자동 변속기(A/T) 오일누유	[ ]없음 [ ]미세누유 [ ]누유	만원		만원
	자동 변속기(A/T) 오일 유량 및 상태	[ ]적정 [ ]부족 [ ]과다	만원		
	자동 변속기(A/T) 작동상태(공회전)	[ ]양호 [ ]불량	만원		
	수동 변속기(M/T) 오일누유	[ ]없음 [ ]미세누유 [ ]누유	만원		
	수동 변속기(M/T) 기어변속 장치	[ ]양호 [ ]불량	만원		
	수동 변속기(M/T) 오일유량 및 상태	[ ]적정 [ ]부족 [ ]과다	만원		
	수동 변속기(M/T) 작동상태(공회전)	[ ]양호 [ ]불량	만원		
동력전달	클러치 어셈블리	[ ]양호 [ ]불량	만원	14	만원
	등속죠인트	[ ]양호 [V]불량	14 만원		
	추진축 및 베어링	[ ]양호 [ ]불량	만원		
	디퍼런셜기어	[ ]양호 [ ]불량	만원		
조향	동력조향 작동 오일 누유	[ ]없음 [ ]미세누유 [ ]누유	만원		만원
	작동상태 스티어링 펌프	[ ]양호 [ ]불량	만원		
	작동상태 스티어링 기어(MDPS포함)	[ ]양호 [ ]불량	만원		
	작동상태 스티어링조인트	[ ]양호 [ ]불량	만원		
	작동상태 파워고압호스	[ ]양호 [ ]불량	만원		
	작동상태 타이로드엔드 및 볼 조인트	[ ]양호 [ ]불량	만원		
제동	브레이크 마스터 실린더 오일 누유	[ ]없음 [ ]미세누유 [ ]누유	만원		만원
	브레이크 오일 누유	[ ]없음 [ ]미세누유 [ ]누유	만원		
	배력장치 상태	[ ]양호 [ ]불량	만원		
전기	발전기 출력	[ ]양호 [ ]불량	만원	25	만원
	시동 모터	[ ]양호 [ ]불량	만원		
	와이퍼 모터 기능	[ ]양호 [ ]불량	만원		
	실내 송풍 모터	[ ]양호 [V]불량	25 만원		
	라디에이터 팬 모터	[ ]양호 [ ]불량	만원		
	윈도우 모터	[ ]양호 [ ]불량	만원		
기 타	연료누출(LP 가스포함)	[ ]양호 [ ]불량			만원
보유상태	[V]없음 (□사용설명서, □안전삼각대, ☑잭, ☑스패너) ※ 없는 항목만 평가함, 체크가 없는 품목은 보유상태임			8	만원

최종 진단평가 결과				
보 정 가 격 (S)	**±**	**가 감 점 합 계 (A+B+C+D)**	**=**	**진 단 평 가 가 격 (F)**
459 만원		267 만원		192 만원

차 량 등급평가	1등급	(2등급)	3등급	4등급	5등급
	6등급	7등급	8등급	9등급	10등급

자동차진단평가실무

실기 연습문제(4)

• 차명: 그랜드 스타렉스

1 **자동차등록증**

자 동 차 등 록 증

제 201911-000000호   최초등록일 : 2019년 11월 27일

자동차등록번호	76나5432	차 종	중형 승합	③ 용도	자가용
차 명	그랜드스타렉스	형식 및 년식	**TQBJDQ** **2020**		
차 대 번 호	**KMJWC41LBLA444613**	원동기 형식	D4CB		
사 용 본 거 지	서울시 영등포구 여의도동 극동빌딩 812호				

소유자	성 명 (명칭)	자동차진단평가사	주민(사업자) 등 록 번 호	123456-1234567
	주 소	서울시 영등포구 여의대방로 65길 6		

자동차관리법 제8조의 규정에 의하여 위와 같이 등록하였음을 증명합니다.

2019년   11월   27일

서 울 시 장

1. 제원

형식승인번호	A08-1-00074-0822-1209

길 이	5,150mm	너 비	1,920mm
높 이	1,970mm	총중량	3,150kg
배기량	2,497cc	정 격 출 력	175/3,600 ps/rpm
승 차 정 원	11명	최 대 적재량	0kg
기통수	4기통	연료의 종 류	경유 (연비8.9km/ℓ)

2. 등록번호판 교부 및 봉인

구분	번호판교부일	봉인일	교부대행자인

3. 저당권등록

구분(설정 또는 말소)	일자

※ 기타 저당권 등록의 내용은 자동차 등록원부를 열람.확인하시기 바랍니다.

4. 검사유효기간

연월일부터	연월일까지	주 행 거 리	검 사 시행장소
2019-11-27	2021-11-26	17,500km	
2021-11-27	2022-11-26		

※ 주의사항

비고: 자동차출고(취득)가격 : 26,810,000원

6. 구조·장치변경사항

※ 인테이크 흡기장치 2020년 7월 장착 (장착비용 600만원)

2 중고자동차성능·상태점검기록부 설정사항

1. 운전석 도어 안쪽의 차대번호 표기는 양호하다.

2. 인테이크 흡기장치를 2020년 7월 장착하였다. (정비명세서 600 만원)

3. 카히스토리 조회결과 영업용 이력을 확인되었다.

4. 후드 부위의 볼트 풀림 흔적 있고, 실링 상태 상이하다.

5. 운전석 사이드실 패널 부위에 판금, 용접 작업 흔적이 있다.

6. 자기진단결과 산소센서 불량코드가 점등되었다.

7. 엔진오일 게이지를 확인한 결과 F(Full)와 L(Low)사이에 위치한다.

8. 실린더 헤드 개스켓 노후로 냉각수가 비치고 있다.

9. 추진축 베어링 손상으로 소음이 발생한다.

10. 발전기 출력 전압은 7.5 V로 확인되었다.

※ 참고사항

– 수리상태 및 성능상태 체크항목 판단기준

① 사고이력 인정은 사고로 자동차 주요 골격 부위의 판금, 용접수리 및 교환이 있는 경우로 한정합니다. 단, 쿼터패널, 루프패널, 사이드실패널 부위는 절단, 용접 시에만 사고로 표기합니다.

② 후드, 프론트펜더, 도어, 트렁크리드 등 외판 부위 및 범퍼에 대한 판금, 용접수리 및 교환은 단순수리로서 사고에 포함되지 않습니다.

③ 체크항목 판단기준(예시)
- 미세누유(미세누수): 해당부위에 오일(냉각수)이 비치는 정도로서 부품 노후로 인한 현상
- 누유(누수): 해당부위에서 오일(냉각수)이 맺혀서 떨어지는 상태
- 부식: 차량하부와 외판의 금속표면이 화학반응에 의해 금속이 아닌 상태로 상실되어 가는 현상(단순히 녹슬어 있는 상태는 제외합니다)
- 침수: 자동차의 원동기, 변속기 등 주요장치 일부가 물에 잠긴 흔적이 있는 상태

3 중고자동차성능·상태점검기록부 정답 및 해설

1. 운전석 도어 안쪽의 차대번호 표기는 양호하다.

   풀이 차대번호 표기 → ① 양호

2. 인테이크 흡기장치를 2020년 7월 장착하였다. (정비명세서 600 만원)

   풀이 튜닝 → ② 있음, ③ 적법, ⑥ 장치

3. 카히스토리 조회결과 영업용 이력을 확인되었다.

   풀이 용도변경 → ② 있음, ④ 영업용

4. 후드 부위의 볼트 풀림 흔적 있고, 실링 상태 상이하다.

   풀이 ① 외판부위 → 1랭크 → ① 후드
   ② 상태표시 부호 → Ⓧ 교환
   ③ 사고이력/단순수리 → Ⓓ 있음

5. 운전석 사이드실 패널 부위에 판금, 용접 작업 흔적이 있다.

   풀이 ① 외판부위 → 2랭크 → ⑧ 사이드실패널
   ② 상태표시 부호 → Ⓦ 판금 또는 용접
   ③ 사고이력/단순수리 → Ⓑ 있음

6. 자기진단결과 산소센서 불량코드가 점등되었다.

   풀이 자기진단 → 원동기 → ② 불량

7. 엔진오일 게이지를 확인한 결과 F(Full)와 L(Low)사이에 위치한다.

   풀이 원동기 → 오일 유량 → ⑫ 적정

8. 실린더 헤드 개스켓 노후로 냉각수가 비치고 있다.

   풀이 ① 원동기 → 냉각수 누수 → 실린더 헤드 / 개스킷 → ② 미세누수

9. 추진축 베어링 손상으로 소음이 발생한다.

   풀이 동력전달 → 추진축 및 베어링 → ⑥ 불량

10. 발전기 출력 전압은 7.5 V로 확인되었다.

    풀이 전기 → 발전기 출력 → ② 불량

중고자동차성능 · 상태점검기록부 [검정용]

〈본 성능 · 상태점검기록부는 검정용으로 실제 중고자동차성능 · 상태점검기록부와 다릅니다.〉

제   호   ※ 자동차가격조사 · 산정은 매수인이 원하는 경우 제공하는 서비스 입니다.

자동차 기본정보
(가격산정 기준가격은 매수인이 자동차가격조사·산정을 원하는 경우에만 적습니다)

차명		(세부모델 :)		자동차등록번호			
연식		검사유효기간		년 월 일 ~ 년 월 일			
최초등록일		변속기 종류		[ ]자동 [ ]수동 [ ]세미오토			
차대번호				[ ]무단변속기 [ ]기타( )			
사용연료	[ ]가솔린 [ ]디젤 [ ]LPG [ ]하이브리드 [ ]전기 [ ]수소전기 [ ]기타						
원동기형식		보증유형 [ ]자가보증 [ ]보험사보증 보험사[ ]		가격산정 기준가격			만원

자동차 종합상태
(색상, 주요옵션, 가격조사·산정액 및 특기사항은 매수인이 자동차가격조사·산정을 원하는 경우에만 적습니다)

사용이력	상 태	항목 / 해당부품	가격조사·산정액 및 특기사항
계기상태 및	① 양호 ② 불량	현재 주행거리 [ ]	만원
주행거리	③ 많음 ④ 보통 ⑤ 적음		만원
차대번호 표기	① 양호 ② 부식 ③ 훼손(오손) ④ 상이 ⑤ 변조(변타) ⑥ 도말		만원
배출가스	① 일산화탄소 ② 탄화수소 ③ 매연 %, ppm, %		만원
튜닝	① 없음 ②있음 ③ 적법 ④ 불법 ⑤ 구조 ⑥ 장치		만원
특별이력	① 없음 ② 있음 ③ 침수 ④ 화재		만원
용도변경	① 없음 ②있음 ③ 렌트 ④ 영업용		만원
색 상	무채색 유채색 전채도색 색상변경		만원
주요옵션	있음 없음 썬루프 내비게이션 [ ]기타		만원
리콜대상	해당없음 해당 리콜이행 이행 미이행		

사고·교환·수리 등 이력
(가격조사·산정액 및 특기사항은 매수인이 자동차가격조사·산정을 원하는 경우에만 적습니다)

※ 상태표시 부호 : X (교환), W (판금 또는 용접), C (부식), A (흠집), U (요철), T (손상)
※ 하단 항목은 승용차 기준이며, 기타 자동차는 승용차에 준하여 표시

상태표시 부호	Ⓧ 교환 Ⓦ 판금 또는 용접		
사고이력 (유의사항 4 참조)	Ⓐ 없음 Ⓑ 있음	단순수리	Ⓒ 없음 Ⓓ 있음

교환,판금 등 이상 부위			가격조사·산정액 및 특기사항
외판부위	1랭크	① 후드 ② 프론트펜더 ③ 도어 ④ 트렁크 리드 ⑤ 라디에이터서포트(볼트체결부품)	
	2랭크	⑥ 쿼터패널(리어펜더) ⑦ 루프패널 ⑧ 사이드실패널	
주요골격	A랭크	⑨ 프론트패널 ⑩ 크로스멤버 ⑪ 사이드패널 ⑰ 트렁크플로어 ⑱ 리어패널	만원
	B랭크	⑫ 사이드멤버 ⑬ 휠하우스 ⑭ 필러패널 ([ ]A, [ ]B, [ ]C) ⑲ 패키지트레이	
	C랭크	⑮ 대쉬패널 ⑯ 플로어패널	

자동차 세부상태				
(가격조사·산정액 및 특기사항은 매수인이 자동차가격조사·산정을 원하는 경우에만 적습니다)				
주요장치	항목 / 해당부품		상 태	가격조사·산정액 및 특기사항
자기진단	원동기		① 양호 ② 불량	만원
	변속기		③ 양호 ④ 불량	
원동기	작동상태(공회전)		① 양호 ② 불량	만원
	오일누유	실린더 커버(로커암 커버)	③ 없음 ④ 미세누유 ⑤ 누유	
		실린더 헤드 / 개스킷	⑥ 없음 ⑦ 미세누유 ⑧ 누유	
		실린더 블록 / 오일팬	⑨ 없음 ⑩ 미세누유 ⑪ 누유	
	오일 유량		⑫ 적정 ⑬ 부족	
	냉각수 누수	실린더 헤드 / 개스킷	① 없음 ② 미세누수 ③ 누수	
		워터펌프	④ 없음 ⑤ 미세누수 ⑥ 누수	
		라디에이터	⑦ 없음 ⑧ 미세누수 ⑨ 누수	
		냉각수 수량	⑩ 적정 ⑪ 부족	
	커먼레일		⑫ 양호 ⑬ 불량	
변속기	자동변속기 (A/T)	오일누유	① 없음 ② 미세누유 ③ 누유	만원
		오일유량 및 상태	④ 적정 ⑤ 부족 ⑥ 과다	
		작동상태(공회전)	⑦ 양호 ⑧ 불량	
	수동변속기 (M/T)	오일누유	⑨ 없음 ⑩ 미세누유 ⑪ 누유	
		기어변속장치	⑫ 양호 ⑬ 불량	
		오일유량 및 상태	⑭ 적정 ⑮ 부족 ⑯ 과다	
		작동상태(공회전)	⑰ 양호 ⑱ 불량	
동력전달	클러치 어셈블리		① 양호 ② 불량	만원
	등속조인트		③ 양호 ④ 불량	
	추진축 및 베어링		⑤ 양호 ⑥ 불량	
	디퍼렌셜 기어		⑦ 양호 ⑧ 불량	
조향	동력조향 작동 오일 누유		① 없음 ② 미세누유 ③ 누유	만원
	작동 상태	스티어링 펌프	④ 양호 ⑤ 불량	
		스티어링 기어(MDPS포함)	⑥ 양호 ⑦ 불량	
		스티어링조인트	⑧ 양호 ⑨ 불량	
		파워고압호스	⑩ 양호 ⑪ 불량	
		타이로드 엔드 및 볼 조인트	⑫ 양호 ⑬ 불량	
제동	브레이크 마스터 실린더오일 누유		① 없음 ② 미세누유 ③ 누유	만원
	브레이크 오일 누유		④ 없음 ⑤ 미세누유 ⑥ 누유	
	배력장치 상태		⑦ 양호 ⑧ 불량	
전기	발전기 출력		① 양호 ② 불량	만원
	시동 모터		③ 양호 ④ 불량	
	와이퍼 모터 기능		⑤ 양호 ⑥ 불량	
	실내송풍 모터		⑦ 양호 ⑧ 불량	
	라디에이터 팬 모터		⑨ 양호 ⑩ 불량	
	윈도우 모터		⑪ 양호 ⑫ 불량	
고전원 전기장치	충전구 절연 상태		[ ]양호 [ ]불량	만원
	구동축전지 격리 상태		[ ]양호 [ ]불량	
	고전원전기배선 상태 (접속단자, 피복, 보호기구)		[ ]양호 [ ]불량	
연료	연료누출(LP가스포함)		① 없음 ② 있음	만원

「자동차관리법」제58조 및 같은 법 시행규칙 120조에 따라 중고자동차 성능·상태점검하였음을 확인합니다.

중고자동차 성능·상태 점검자　　　　　(인)

4 중고자동차성능·상태점검기록부 OMR답안지 작성

중고자동차성능·상태점검기록부 OMR답안지

중고자동차성능·상태점검기록부에 체크한 사항을 아래 마킹하셔야 합니다.

| 성능 1번 | 상태표시 부호 | ⓧ● | ⓦ | 사고이력/단순수리 | Ⓐ | Ⓑ | Ⓒ | Ⓓ |
| | 이상 부위/상태 | ① ② ③ ④ ⑤ ⑥ ⑦ ⑧ ⑨ ⑩ ⑪ ⑫ ⑬ ⑭ ⑮ ⑯ ⑰ ⑱ ⑲ | | | | | | |

| 성능 6번 | 상태표시 부호 | ⓧ | ⓦ● | 사고이력/단순수리 | Ⓐ | Ⓑ | Ⓒ | Ⓓ |
| | 이상 부위/상태 | ① ②● ③ ④ ⑤ ⑥ ⑦ ⑧ ⑨ ⑩ ⑪ ⑫ ⑬ ⑭ ⑮ ⑯ ⑰ ⑱ ⑲ | | | | | | |

| 성능 2번 | 상태표시 부호 | ⓧ | ⓦ | 사고이력/단순수리 | Ⓐ● | Ⓑ● | Ⓒ | Ⓓ● |
| | 이상 부위/상태 | ① ⑫ ⑬ ⑭ ⑮ ⑯ ⑰ ⑱ ⑲ | | | | | | |

| 성능 7번 | 상태표시 부호 | ⓧ | ⓦ | 사고이력/단순수리 | Ⓐ | Ⓑ | Ⓒ | Ⓓ |
| | 이상 부위/상태 | ① ②● ③ ④ ⑤ ⑥ ⑦ ⑧ ⑨ ⑩ ⑪ ⑫ ⑬ ⑭ ⑮ ⑯ ⑰ ⑱ ⑲ | | | | | | |

| 성능 3번 | 상태표시 부호 | ⓧ | ⓦ | 사고이력/단순수리 | Ⓐ | Ⓑ | Ⓒ | Ⓓ |
| | 이상 부위/상태 | ① ② ③ ④ ⑤ ⑥ ⑦ ⑧ ⑨ ⑩ ⑪ ⑫ ⑬ ⑭ ⑮ ⑯ ⑰ ⑱ ⑲ | | | | | | |

| 성능 8번 | 상태표시 부호 | ⓧ | ⓦ | 사고이력/단순수리 | Ⓐ | Ⓑ | Ⓒ | Ⓓ |
| | 이상 부위/상태 | ① ②● ③ ④ ⑤ ⑥ ⑦ ⑧ ⑨ ⑩ ⑪ ⑫ ⑬ ⑭ ⑮ ⑯ ⑰ ⑱ ⑲ | | | | | | |

| 성능 4번 | 상태표시 부호 | ⓧ● | ⓦ | 사고이력/단순수리 | Ⓐ | Ⓑ | Ⓒ● | Ⓓ |
| | 이상 부위/상태 | ①● ② ③ ④ ⑤ ⑥ ⑦ ⑧ ⑨ ⑩ ⑪ ⑫ ⑬ ⑭ ⑮ ⑯ ⑰ ⑱ ⑲ | | | | | | |

| 성능 9번 | 상태표시 부호 | ⓧ | ⓦ | 사고이력/단순수리 | Ⓐ | Ⓑ | Ⓒ | Ⓓ |
| | 이상 부위/상태 | ① ② ③ ④ ⑤● ⑥ ⑦ ⑧ ⑨ ⑩ ⑪ ⑫ ⑬ ⑭ ⑮ ⑯ ⑰ ⑱ ⑲ | | | | | | |

| 성능 5번 | 상태표시 부호 | ⓧ | ⓦ● | 사고이력/단순수리 | Ⓐ | Ⓑ● | Ⓒ | Ⓓ |
| | 이상 부위/상태 | ① ② ③ ④ ⑤ ⑥ ⑦● ⑧ ⑨ ⑩ ⑪ ⑫ ⑬ ⑭ ⑮ ⑯ ⑰ ⑱ ⑲ | | | | | | |

| 성능 10번 | 상태표시 부호 | ⓧ | ⓦ | 사고이력/단순수리 | Ⓐ | Ⓑ | Ⓒ | Ⓓ |
| | 이상 부위/상태 | ① ②● ③ ④ ⑤ ⑥ ⑦ ⑧ ⑨ ⑩ ⑪ ⑫ ⑬ ⑭ ⑮ ⑯ ⑰ ⑱ ⑲ | | | | | | |

5 자동차진단평가 설정사항

▶ 평가차량은 13인승 웨건 다목적형(RV형) 은색 색상 차종으로 에어백(4), 하이패스, 스마트키, 후방카메라, 크루즈 컨트롤, 내비게이션, 17인치 알로이 휠, 차동기어 잠금장치(LD) 등이 출고 시 단품목 옵션으로 장착하여 출고되었다.

▶ 신차가격 : 2,949만원(부가세포함)

▶ 주행거리 : 29,800 km

▶ 자동차진단평가일 : 2022년 5월 28일

A. 배출가스 검사결과 : 매연 : 22%

B. 인테이크 흡기장치를 2020년 7월 장착하였다. (정비명세서 600만원)

C. 신차할인 프로모션 300만원 적용되었다.

D. 스마트키 고장으로 수리견적서 10만원을 발급받았다.

E. 후드 부위의 볼트 풀림 흔적 있고, 실링 상태 상이하다.

F. 운전석 사이드실 패널 부위에 판금, 용접 작업 흔적이 있다.

G. 운전석 쿼터패널에 4 cm × 9 cm 정도의 찌그러져 있다.

H. 리어패널에 충격으로 인한 찌그러짐이 있다.

I. 운전석 쪽 프런트범퍼 하단에 11cm 정도의 긁힘이 있다.

J. 운전석 앞 도어 내부에 균열이 있다.

K. 동반석 뒤 알로이 휠에 부식이 있다.

L. 타이어는 1215 / 65 R - 17의 타이어가 장착되어 있으며, 각각의 타이어 홈의 깊이는 아래[표]와 같다.

구 분	운전석	동반석
전 륜	7 mm	6 mm
후 륜	7 mm (편마모)	6 mm
비상용 타이어	스페어타이어 분실	

M. 운전석 앞 유리에 균열이 있다.

N. 수지제 부분의 가벼운 상처 및 테이프 자국 등 흔적을 확인하였다.

O. 자기진단결과 산소센서 불량코드가 점등되었다.

P. 라디에이터 상단 캡 주변에 냉각수가 비치고 있다.

Q. 추진축 베어링 손상으로 소음이 발생한다.

R. 발전기 출력 전압은 7.5 V로 확인되었다.

S. 안전삼각대와 잭세트가 없다.

6 자동차진단평가 정답 및 해설

◎ 자동차 기본정보

   (1) 등급분류 = 특A [RV형 / 2.1이상~2.8미만]

   (2) 등급계수 = 1.5 [특A / 국산]

   (3) 사용년 수 = 3년 [2022 - 2019]

     ① 진단평가일 : 2022. 5. 28

     ② 최초등록일 : 2019. 11. 27

   (4) 사용월 수 = 30개월 [(3 × 12) - 6]

   (5) 사용년 계수 = 0.9 [사용년 : 3년]

   (7) 잔가율 : 0.518 [당년 ~ 3년]

   (8) 기준가격 = 1,698만원

     ① 기준가격 산출식 : 최초 기준가액 × 감가율 계수의 감가율(%)

     ② 최초 기준가액(출고 시 신차가격/부가세포함) : 2,949만원

     ③ 감가율 계수 : 52 [11 + (3 × 12) + 5]

     ④ 감가율 계수의 감가율(%) = 57.57%

   (9) 보정가격(S) = 1,594만원 [1,698 - 104]

     ① 보정가격 산출식 : 기준가격 - ⓐ월별 보정가격 - ⓑ특성값 보정가격

     ② ⓐ월별 보정가격 : 해당없음

     ③ ⓑ특성값 보정가격 : 104만원

       가. 신차할인 프로모션 300만원 적용

       나. 프로모션 감가액 : 200만원 [200만원 이상~400만원 미만]

     ④ 보정감가액 : 104만원

◎ 자동차 종합상태 평가

(1) 계기상태 및 주행거리 = 83

     ① 주행거리 가 · 감점 산출식(승용) =

$$\frac{(전년도 보정가격 - 보정가격)}{20} \times \frac{(표준주행거리 - 실주행거리)}{1,000} \times 잔가율$$

     ② 전년도 보정가격 : 1,754만원

③ 보정가격 : 1,594만원

④ 표준 주행거리 : 49,800 km [30 × 1.66 × 1,000]

⑤ 실 주행거리 : 29,800 km

⑥ 잔가율 : 0.518 [당년 ~ 3년]

(2) 색상 : 해당 없음

① 은색 : 기본색상 / 무채색 계열 : 감점없음

(3) 주요 옵션 = 9

① 단품목 옵션 : 네비게이션

② 네비게이션 옵션 가점 : 해당없음 [특A등급은 가점하지 않는다.]

③ 스마트키 고장 감점 : 9 [10 × 0.9]

　가. 수리견적비용 : 10만원

　나. 감점 : 견적액 × 0.9

A. 배출가스 검사결과 : 매연 : 22%

① 배출 허용기준 초과 : [디젤 / 불량]

② 감가액 : 162 [120 × 1.5 × 0.9 = 33.6]

B. 인테이크 흡기장치를 2020년 7월 장착하였다. (정비명세서 600 만원)

① 튜닝 : 있음 / 적법 / 장치 = 311 [600 × 0.518 × 0.9 = 41.44]

② 적법 튜닝 감점 산출 공식 : 튜닝 비용 × 잔가율 × 사용년 계수

　가. 튜닝비용 : 600만원

　나. 잔가율 : 0.518 [국산 / 당년~3년]

　나. 사용년 계수 : 1.0 [국산 / 당년~2년]

C. 특수사용이력으로 공사장에서 운용되었던 이력을 확인되었다.

① 특별이력 : 특수사용이력 [공사장 운용차량]

② 감가액 : 574 [1,594 × 0.4 × 0.9 = 573.84]

D. 신차할인 프로모션 300 만원 적용되었다.

① 보정가격 산출식에 반영

E. 스마트키 고장으로 수리견적서 10 만원을 발급받았다.

① 주요 옵션에 반영

　　※ 자동차 종합상태 합계(A) = −351만원 (83 ‑ 162 + 311 ‑ 574 − 9)

◎ 수리이력 평가

F. 후드 부위의 볼트 풀림 흔적 있고, 실링 상태 상이하다.

G. 운전석 사이드실 패널 부위에 판금, 용접 작업 흔적이 있다.

   ① 후드 : 교환 : X 표시 (105)

   ② 사이드실 패널 : 판금 또는 용접 / W표시 (85 → 42.5)

   ③ 사고수리이력 감가액 산출 공식 :

$$\frac{\sqrt{보정가격 \times 사고수리이력감가계수(합)}}{4.8} \times 랭크별적용계수$$

     가. 보정가격 : 1,594

     나. 사고수리이력 감가계수(합) : 147.5

     다. 랭크별적용계수 : 1.4 [2랭크 / 국산]

   ④ 사고수리이력 감가액 = 142

※ 수리이력 합계(B) = -142만원

◎ 수리필요 평가

H. 운전석 쿼터패널에 4 cm × 9 cm 정도의 찌그러져 있다.

   ① 상태표시 부호 : 찌그러짐 = U

   ② 결과표시 부호 : 도장 = P [동전 크기 이상 신용카드 크기 미만의 찌그러진 상태]

   ③ 감가액 : 14 [10 × 1.5 × 0.9 = 13.5]

   ④ 운전석 쿼터패널 = UP14

I. 리어패널에 충격으로 인한 찌그러짐이 있다.

   ① 상태표시 부호 : 찌그러짐 = U

   ② 결과표시 부호 : 가치감가 = R [찌그러짐[충격]으로 원상복구가 가능한 상태]

   ③ 감가액 : 14 [10 × 1.5 × 0.9 = 13.5]

   ④ 리어패널 = UR14

J. 운전석 쪽 프런트범퍼 하단에 11cm 정도의 긁힘이 있다.

   ① 상태표시 부호 : 긁힘 = A

   ② 결과표시 부호 : 도장 = P [신용카드 길이 이상의 흠집(긁힘)]

   ③ 감가액 : 14 [10 × 1.5 × 0.9 = 13.5]

④ 프런트범퍼 = AP14

K. 운전석 앞 도어 내부에 균열이 있다.

① 내장상태 : 68 [50 × 1.5 × 0.9 = 67.5]

② 도어내부 : 균열 = 불량

L. 동반석 뒤 알로이 휠에 부식이 있다.

① 상태표시 부호 : 부식 = C

② 결과표시 부호 : 교환 = X [부식 등으로 교환이 필요한 경우]

③ 감가액 = 30

④ 휠 = CX30

M. 타이어는 1215 / 65 R − 17의 타이어가 장착되어 있으며, 각각의 타이어 홈의 깊이
는 아래[표]와 같다.

구 분	운전석	동반석
전 륜	7 mm	6 mm
후 륜	7 mm (편마모)	6 mm
비상용 타이어	스페어타이어 분실	

① 운전석 / 뒤 = AX40

가. 상태표시 부호 : 마모상태 = A

나. 결과 표시부호 : 교환 = X [측면 마모 는 1.6mm 미만의 감점]

다. 감가액 = 40

② 비상용 타이어 = 20 [교환 : 비상용 결품]

N. 운전석 앞 유리에 균열이 있다.

① 상태표시 부호 : 균열 = T

② 결과표시 부호 : 교환 = X [균열, 변형 등 결함이 있는 경우]

③ 감가액 = 30

④ 프런트 유리 = TX30

O. 수지제 부분의 가벼운 상처 및 테이프 자국 등 흔적을 확인하였다.

① 감가액 = 21 [15 × 1.5 × 0.9 = 20.25]

※ 수리필요 합계(C) = −251만원 (42 + 68 + 30 + 40 + 20 + 30 + 21)

◎ 주요장치 평가

P. 자기진단결과 산소센서 불량코드가 점등되었다.

   ① 자기진단 : 원동기 = 불량

   ② 감가액 = 36 [40 × 0.9 = 36]

Q. 라디에이터 상단 캡 주변에 냉각수가 비치고 있다.

   ① 원동기 : 냉각수 누수 : 실린더 헤드 가스켓 = 미세누수

   ② 감가액 = 0 [해당없음]

R. 추진축 베어링 손상으로 소음이 발생한다.

   ① 동력전달 : 추진축 및 베어링 = 불량

   ② 감가액 = 32 [35 × 0.9 = 31.5]

S. 발전기 출력 전압은 7.5 V로 확인되었다.

   ① 전기 : 발전기 출력 = 불량

   ② 감가액 = 27 [30 × 0.9 = 27]

T. 안전삼각대와 잭세트가 없다.

   ① 보유상태 = 없음 / 안전삼각대, 잭세트

   ② 감가액 = 8 [3 + 5 = 8]

   ※ 주요장치 합계(D) = −103만원 (36 + 0 + 32 + 27 + 8)

◎ 최종 진단평가 결과

   ① 보정가격(S) ± 가감점합계(A+B+C+D) = 진단평가가격(F)

   ② 1,594만원 ± 847만원 = 747만원

◎ 차량등급평가

   ① 3등급 [공사장 운용 차량]

193

7 자동차진단평가 작성

자동차진단평가서[검정용]

등급계수 : 1.5
사용년계수 : 0.9
잔가율 : 0.518

자동차 기본정보

차 명	그랜드스타렉스	(세부모델:)	자동차 등록번호	
연 식		배기량	2,497 cc	검사유효기간	
최초등록일	2019. 11. 27	진단평가일	2022. 5. 28	변속기 종류	[ ]자동 [ ]수동 [ ]세미오토 [ ]무단변속기 [ ]기타
차대번호	KMJWC41LBLA444613			
사용연료	[ ]가솔린 [V]디젤 [ ]LPG [ ]하이브리드 [ ]기타			
원동기형식		사용년 수	3 년	총 개월수	30 개월
기준가격	1,698 만원	보정감가액(-)	104 만원	보정가격(S)	1,594 만원

자동차 종합상태 평가

사용이력	상 태	종합상태 합계(A)	+	⊖	351	만원
계기상태 및 주행거리	[ ]양호 [ ]불량	현재주행거리 [29,800 km]	+	-		만원
	[ ]많음 [ ]보통 [V]적음		⊕	-	83	만원
차대번호 표기	[ ]양호 [ ]부식 [ ]훼손(오손) [ ]상이 [ ]변조(변타) [ ]도말		+	-		만원
배출가스	[ ]일산화탄소[ ]탄화수소 [V]매연 % ppm 22 %		+	⊖	162	만원
튜 닝	[ ]없음 [V]있음 [V]적법 [ ]불법 [ ]구조 [V]장치		⊕	-	311	만원
특별이력	[ ]없음 [V]있음 [ ]손상이력 [ ]수리이력 [V]특수사용이력		+	⊖	574	만원
용도변경	[ ]없음 [ ]있음 [ ]렌트 [ ]영업용 [ ]관용 [ ]직수입		+	-		만원
색 상	[V]무채색 [ ]유채색 [ ]전체도색 [ ]색상변경		+	-	0	만원
주요옵션	단품목(네비게이션, 썬루프) [ ]없음 [V]있음 [V]양호 [ ]불량		+	⊖	9	만원
	패키지(안전장치, 편의장치) [ ]없음 [ ]있음 [ ]양호 [ ]불량		+	-		만원

수리이력 · 수리필요 평가

※ 상태표시 부호: 수리이력 (X, W) 수리필요 (A, U, C, T, R, P, X)

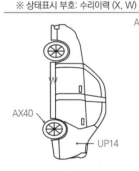
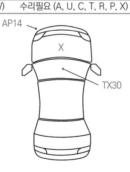
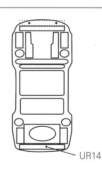
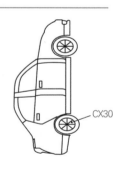

수리이력	[V]사고	[ ]단순수리	수리이력 합계(B)	142	만원

외판부위	1 랭크	[V]1.후드 [ ]2.프론트펜더 [ ]3.도어 [ ]4.트렁크 리드 [ ]5.라디에이터서포트 (볼트체결부품)
	2 랭크	[ ]6.쿼터패널(리어펜더) [ ]7.루프패널 [V]8.사이드실패널
주요골격	A 랭크	[ ]9.프론트패널 [ ]10.크로스멤버 [ ]11.인사이드패널 [ ]17.트렁크플로어 [ ]18.리어패널
	B 랭크	[ ]12.사이드멤버 [ ]13.휠 하우스 [ ]14.필러패널([ ]A, [ ]B, [ ]C) [ ]19.패키지트레이
	C 랭크	[ ]15.대쉬패널 [ ]16.플로패널

수리필요	상 태	수리필요 합계(C)	251	만원
외 장	[ ]양호 [V]불량	[V]패널 [V]범퍼 [ ]미러 [ ]헤드램프 [ ]리어램프	42	만원
내 장	[ ]양호 [V]불량	[ ]대시보드 [ ]씨트 [ ]매트 [ ]천장 [V]도어내부	68	만원
휠	[ ]양호 [V]불량	[ ]운/앞 [ ]운/뒤 [ ]동/앞 [V]동/뒤	30	만원
타 이 어	[ ]양호 [V]불량	[ ]운/앞 [V]운/뒤 [ ]동/앞 [ ]동/뒤	40	만원
응급타이어	[ ]양호 [V]불량	[V]스페어 [ ]템퍼 [ ]SST	20	만원
유 리	[ ]양호 [V]불량		30	만원
광 택	[ ]양호 [ ]불량			만원
룸 크리닝	[ ]양호 [V]불량	[V]흔적 [ ]냄새	21	만원

사단법인 한국자동차진단보증협회

차종 [ ]승용 [ ]SUV [V]RV [ ]승합 [ ]화물
등급 [V]특A [ ]특B [ ]특C [ ] [ ] [ ] [ ]경

주요장치 평가						
주요장치	**항목 / 해당부품**		**주요장치 합계(D)**			**103 만원**
자기진단	원동기		[ ]양호	[V]불량	36 만원	36 만원
	변속기		[ ]양호	[ ]불량	만원	
원 동 기	작동상태(공회전)		[ ]양호	[ ]불량	만원	0 만원
	오일누유	실린더 커버(로커암 커버)	[ ]없음	[ ]미세누유 [ ]누유	만원	
		실린더 헤드 / 개스킷	[ ]없음	[ ]미세누유 [ ]누유	만원	
		실린더 블록 / 오일팬	[ ]없음	[ ]미세누유 [ ]누유	만원	
	오일유량		[ ]적정	[ ]부족	만원	
	냉각수 누수	실린더 헤드 / 개스킷	[ ]없음	[V]미세누수 [ ]누수	0 만원	
		워터펌프	[ ]없음	[ ]미세누수 [ ]누수	만원	
		라디에이터	[ ]없음	[ ]미세누수 [ ]누수	만원	
		냉각수 수량	[ ]적정	[ ]부족	만원	
	커먼레일		[ ]양호	[ ]불량	만원	
변 속 기	자동 변속기 (A/T)	오일누유	[ ]없음	[ ]미세누유 [ ]누유	만원	만원
		오일 유량 및 상태	[ ]적정	[ ]부족 [ ]과다	만원	
		작동상태(공회전)	[ ]양호	[ ]불량	만원	
	수동 변속기 (M/T)	오일누유	[ ]없음	[ ]미세누유 [ ]누유	만원	
		기어변속 장치	[ ]양호	[ ]불량	만원	
		오일유량 및 상태	[ ]적정	[ ]부족 [ ]과다	만원	
		작동상태(공회전)	[ ]양호	[ ]불량	만원	
동력전달	클러치 어셈블리		[ ]양호	[ ]불량	만원	32 만원
	등속조인트		[ ]양호	[ ]불량	만원	
	추진축 및 베어링		[ ]양호	[V]불량	32 만원	
	디퍼런셜기어		[ ]양호	[ ]불량	만원	
조 향	동력조향 작동 오일 누유		[ ]없음	[ ]미세누유 [ ]누유	만원	만원
	작동상태	스티어링 펌프	[ ]양호	[ ]불량	만원	
		스티어링 기어(MDPS포함)	[ ]양호	[ ]불량	만원	
		스티어링조인트	[ ]양호	[ ]불량	만원	
		파워고압호스	[ ]양호	[ ]불량	만원	
		타이로드엔드 및 볼 조인트	[ ]양호	[ ]불량	만원	
제 동	브레이크 마스터 실린더 오일 누유		[ ]없음	[ ]미세누유 [ ]누유	만원	만원
	브레이크 오일 누유		[ ]없음	[ ]미세누유 [ ]누유	만원	
	배력장치 상태		[ ]양호	[ ]불량	만원	
전 기	발전기 출력		[ ]양호	[V]불량	27 만원	27 만원
	시동 모터		[ ]양호	[ ]불량	만원	
	와이퍼 모터 기능		[ ]양호	[ ]불량	만원	
	실내 송풍 모터		[ ]양호	[ ]불량	만원	
	라디에이터 팬 모터		[ ]양호	[ ]불량	만원	
	윈도우 모터		[ ]양호	[ ]불량	만원	
기 타	연료누출(LP 가스포함)		[ ]양호	[ ]불량		만원
보유상태	[V]없음 (□ 사용설명서, ☑ 안전삼각대, ☑ 잭, □ 스패너) ※ 없는 항목만 평가함, 체크가 없는 품목은 보유상태임				8 만원	

최종 진단평가 결과					
보 정 가 격 (S)	**±**	**가 감 점 합 계 (A+B+C+D)**	**=**	**진 단 평 가 가 격 (F)**	
1,594 만원		847 만원		747 만원	

차 량 등급평가	1등급	2등급	③등급	4등급	5등급
	6등급	7등급	8등급	9등급	10등급

05

답안지 준수사항

01. OMR답안지 작성시 유의사항

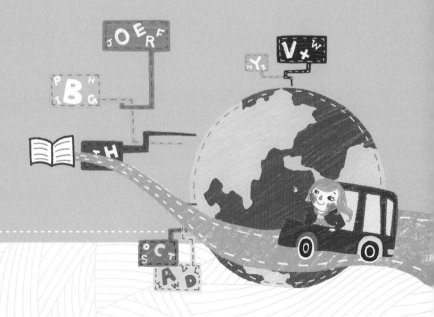

■ OMR답안지(앞면)

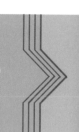

자동차진단평가사 실기 시험
한국자동차진단보증협회

중고자동차성능 · 상태점검기록부 OMR 답안지

성 명

OMR 답안지 작성 시 수험자 유의사항 (공통)

1. 답안카드 기재·마킹 시에는 반드시 검정색 컴퓨터용 싸인펜을 사용해야합니다.
   [보기1] 바른예 : ●
   [보기2] 틀린예 : ⊙ ⊗ ◐ ◑ ○
2. 성명, 수험번호, 응시등급란은 수험표에 기재된 내용과 동일하게 정자체로 기재·마킹하고, 다를 경우에는 감독관에게 알려 확인을 받아야야 합니다.
3. 문제유형은 문제지에 배부 후 문제지에 기재된 문제 유형을 기재합니다.
4. 생년월일은 신분증과 동일하게 표기합니다.
5. 답안지 작성방법 및 기준은 배부된 자동차진단평가기준서의 답안지 작성시 준수사항을 적용합니다.
6. 감독위원이 날인이 없는 답안지는 무효처리 됩니다.
7. OMR답안지의 수기 작성란에 정답을 기재하여도, 마킹(표기)하지 않는 경우 오답처리합니다.

성능 1번, 성능 2번, 성능 3번, 성능 4번, 성능 5번
성능 6번, 성능 7번, 성능 8번, 성능 9번, 성능 10번

상태표시 부호 / 이상 부위/상태
사고이력/단순수리

감독관확인

수 험 번 호

문 제 유 형
A형 Ⓐ   B형 Ⓑ

응 시 등 급
1급   2급

생 년 월 일
년 / 월 / 일

■OMR답안지(뒷면)

자동차진단평가서 OMR 답안지

※ 디자인 등은 상황에 따라 변경될 수 있습니다.

1 수험번호를 빠짐없이 보기와 같이 반드시 수기 작성 하신 후 컴퓨터용 사인펜 으로 해당란에 "●"와 같이 정확하게 표기하시기 바랍니다.

[보기 1] 바른 예 :

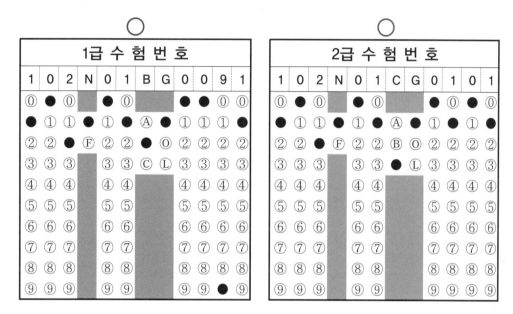

[보기 2] 틀린 예 : 수험번호 미기입 및 마킹(표기)하지 않음

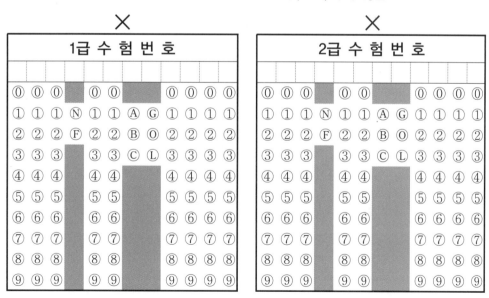

2 문제유형과 응시등급을 컴퓨터용 사인펜으로 해당란에 "●" 와 같이 정확하게 표기하시기 바랍니다.

[보기 3] 바른 예

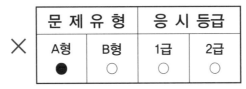

문 제 유 형		응 시 등 급	
A형 ○	B형 ●	1급 ○	2급 ●

[보기 4] 틀린 예

문 제 유 형		응 시 등 급	
A형 ●	B형 ○	1급 ○	2급 ○

3 표기("●")를 잘못 하였을 경우 해당 시험실 감독위원의 감독 하에 수정테이프로 수험자가 수정해야 하며, 잘못 표기("●")로 인한 불이익은 수험자 본인이 감수하여야 하므로 정확히 표기("●")해야 합니다.

4 반드시 컴퓨터용 사인펜을 사용하여 보기와 같이 표기합니다.

[보기 7] 바른 예 : ●
[보기 8] 틀린 예 : ◗ ⊙ ⊕ ⊘

5 OMR답안의 수기 작성 란에 정답을 기재해도, OMR답안에 정답을 정확하게 표기("●")하지 않은 경우는 오답 처리됩니다.

6 [중고자동차 성능·상태점검기록부] OMR답안지 작성 기준

6-1. 제시된 설정의 상태 란의 해당 번호(① ~ ⑲)를 "중고자동차 성능 · 상태점검기록부 OMR답안지"에 표기("■")해야 합니다.

예 성능1. 원동기 자기진단이 불량인 경우

자동차 세부상태			
(가격조사·산정액 및 특기사항은 매수인이 자동차가격조사·산정을 원하는 경우에만 적습니다)			
주요장치	항목 / 해당부품	상 태	가격조사
자기진단	원동기	① 양호 ❷불량	
	변속기	③ 양호 ④ 불량	

[보기 7] 바른 예 (○)

성능 1번	상태표시 부호	X	W	사고이력 / 단순수리				A	B	C	D
	이상 부위 / 상태	①	■	③	④	⑤	⑥	⑦	⑧	⑨	⑩
		⑪	⑫	⑬	⑭	⑮	⑯	⑰	⑱	⑲	

[보기 8] 틀린 예 (×)

성능 1번	상태표시 부호	X	W	사고이력 / 단순수리				A	B	C	D
	이상 부위 / 상태	①	■	■	④	⑤	⑥	⑦	⑧	⑨	⑩
		⑪	⑫	⑬	⑭	⑮	⑯	⑰	⑱	⑲	

성능 1번	상태표시 부호	■	W	사고이력 / 단순수리				A	B	C	D
	이상 부위 / 상태	①	②	■	④	⑤	⑥	⑦	⑧	⑨	⑩
		⑪	⑫	⑬	⑭	⑮	⑯	⑰	⑱	⑲	

성능 1번	상태표시 부호	X	W	사고이력 / 단순수리				■	B	C	D
	이상 부위 / 상태	①	②	■	④	■	⑥	⑦	⑧	⑨	⑩
		⑪	⑫	⑬	⑭	⑮	⑯	⑰	⑱	⑲	

성능 1번	상태표시 부호	■	W	사고이력 / 단순수리				■A	B	C	D
	이상 부위 / 상태	①	②	■	④	■	⑥	⑦	⑧	⑨	⑩
		⑪	⑫	⑬	⑭	⑮	⑯	⑰	⑱	⑲	

6-2. 제시된 설정의 상태 란의 해당 번호(① ~ ⑲)가 중복인 경우는 보기와 같이 중복으로 표기("■")해야 합니다.

예 성능5. 튜닝에서 '②있음', '④불법', '⑥장치' 인 경우

배출가스	① 일산화탄소 ② 탄화수소 ③ 매연		%, ppm, %		
튜닝	① 없음 ②있음	③ 적법	④불법	⑤ 구조	⑥장치
특별이력	① 없음 ② 있음		③ 침수	④ 화재	
용도변경	① 없음 ② 있음		③ 렌트	④ 영업용	

[보기 9] 바른 예 (○)

성능 5 번	상태표시 부호	X	W	사고이력 / 단순수리		A	B	C	D
	이상 부위 / 상태	① ■ ③ ■ ⑤ ■		⑦ ⑧ ⑨ ⑩					
		⑪ ⑫ ⑬ ⑭ ⑮ ⑯ ⑰ ⑱ ⑲							

[보기 10] 틀린 예 (×)

성능 5 번	상태표시 부호	X	W	사고이력 / 단순수리		A	B	C	D
	이상 부위 / 상태	① ■ ③ ■ ⑤ ⑥		⑦ ⑧ ⑨ ⑩					
		⑪ ⑫ ⑬ ⑭ ⑮ ⑯ ⑰ ⑱ ⑲							

성능 5 번	상태표시 부호	■	W	사고이력 / 단순수리		A	B	C	D
	이상 부위 / 상태	① ■ ③ ■ ⑤ ■		⑦ ⑧ ⑨ ⑩					
		⑪ ⑫ ⑬ ⑭ ⑮ ⑯ ⑰ ⑱ ⑲							

성능 5 번	상태표시 부호	■	W	사고이력 / 단순수리		A	B	■	D
	이상 부위 / 상태	① ■ ③ ■ ⑤ ■		⑦ ⑧ ⑨ ⑩					
		⑪ ⑫ ⑬ ⑭ ⑮ ⑯ ⑰ ⑱ ⑲							

성능 5 번	상태표시 부호	X	W	사고이력 / 단순수리		A	B	C	D
	이상 부위 / 상태	① ■ ③ ■ ⑤ ■		⑦ ⑧ ⑨ ⑩					
		⑪ ⑫ ⑬ ⑭ ⑮ ⑯ ■ ⑱ ⑲							

6-3. "사고 · 교환 · 수리 등 이력"은 사고이력(Ⓐ ~ Ⓓ), 상태표시 부호(Ⓧ, Ⓦ), 교환 · 판금 등 이상 부위(①~⑲)를 해당 란에 각각 표기("■")해야 합니다.

예 성능5. 사고이력 "Ⓑ있음", 상태표시 "Ⓧ(교환)", 이상부위 "⑥퀴터패널"인 경우

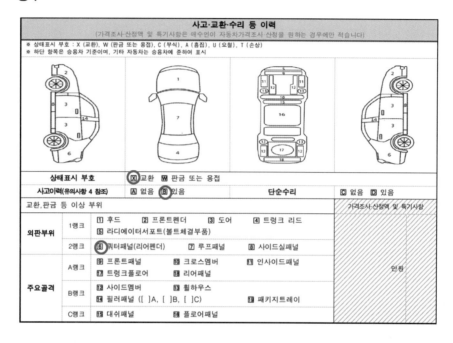

[보기 11] 바른 예 (○)

성 능 5 번	상태표시 부호	■	Ⓦ	사고이력 / 단순수리		Ⓐ	■	Ⓒ	Ⓓ
	이상 부위 / 상태	①	②	③	④	⑤	■	⑦	⑧	⑨	⑩
		⑪	⑫	⑬	⑭	⑮	⑯	⑰	⑱	⑲	

[보기 12] 틀린 예 (×)

성 능 5 번	상태표시 부호	■	Ⓦ	사고이력 / 단순수리		Ⓐ	■	Ⓒ	Ⓓ
	이상 부위 / 상태	①	②	③	④	⑤	⑥	⑦	⑧	⑨	⑩
		⑪	⑫	⑬	⑭	⑮	⑯	⑰	⑱	⑲	

성능 5 번	상태표시 부호	■	■	사고이력 / 단순수리			A	■	C	D
	이상 부위 / 상태	1	2	3	4	5	■	7	8	9	10
		11	12	13	14	15	16	17	18	19	

성능 5 번	상태표시 부호	■	W	사고이력 / 단순수리			A	■	C	D
	이상 부위 / 상태	1	2	3	4	5	■	7	8	9	10
		11	12	13	■	15	16	17	18	19	

6-4. 제시된 설정의 상태 란의 해당 번호(1 ~ 19)를 "중고자동차 성능·상태점검 기록부 OMR답안지"에 표기("■")해야 합니다.
(제시된 설정의 양호, 불량 등 해당하는 번호만 표기)

● 예 성능7. 주요장치 – 윈도우 모터 불량

전기	발전기 출력	1 양호　2 불량
	시동 모터	3 양호　4 불량
	와이퍼 모터 기능	5 양호　6 불량
	실내송풍 모터	7 양호　8 불량
	라디에이터 팬 모터	9 양호　10 불량
	윈도우 모터	11 양호　⑫ 불량

[보기 13] 바른 예 (○)

성능 7 번	상태표시 부호	X	W	사고이력 / 단순수리			A	B	C	D
	이상 부위 / 상태	1	2	3	4	5	6	7	8	9	10
		11	■	13	14	15	16	17	18	19	

[보기 14] 틀린 예 (×)

성능 7 번	상태표시 부호	X	W	사고이력 / 단순수리			A	B	C	D
	이상 부위 / 상태	■	2	3	4	5	6	7	8	9	10
		11	■	13	14	15	16	17	18	19	

성능 7번	상태표시 부호	X	W	사고이력 / 단순수리	■	B	C	D
	이상 부위 / 상태	1	2	3	4	5	6	7	8	9	10
		11	■	13	14	15	16	17	18	19	

성능 7번	상태표시 부호	■	W	사고이력 / 단순수리	A	B	C	D
	이상 부위 / 상태	1	2	3	4	5	6	7	8	9	10
		11	■	13	14	15	16	17	18	19	

성능 7번	상태표시 부호	■	W	사고이력 / 단순수리	A	■	C	D
	이상 부위 / 상태	1	2	3	4	5	6	7	8	9	10
		11	■	13	14	15	16	17	18	19	

7 [자동차진단평가서] OMR답안지 작성 기준

7-1. OMR답안지 작성 시 숫자의 답안 표기는 십진법에 의하되, 반드시 자리에 맞추어 표기("●")해야 합니다.

[보기 15] 바른 예   [보기 16] 틀린 예

| ○ | × | × | × |

1 번 / 1 2 (바른 예)

수리 필요	천	백	십	일
		⓪	⓪	⓪
Ⓐ Ⓟ	①	①	●	①
Ⓒ Ⓡ	②	②	②	●
Ⓣ Ⓧ	③	③	③	③
Ⓤ	④	④	④	④
	⑤	⑤	⑤	⑤
수리 이력	⑥	⑥	⑥	⑥
	⑦	⑦	⑦	⑦
Ⓦ	⑧	⑧	⑧	⑧
Ⓧ	⑨	⑨	⑨	⑨

1 번 / 1 2 (틀린 예)

수리 필요	천	백	십	일
	●	⓪	⓪	⓪
Ⓐ Ⓟ	①	①	●	①
Ⓒ Ⓡ	②	②	②	●
Ⓣ Ⓧ	③	③	③	③
Ⓤ	④	④	④	④
	⑤	⑤	⑤	⑤
수리 이력	⑥	⑥	⑥	⑥
	⑦	⑦	⑦	⑦
Ⓦ	⑧	⑧	⑧	⑧
Ⓧ	⑨	⑨	⑨	⑨

1 번 / 1 2 (틀린 예)

수리 필요	천	백	십	일
		⓪	⓪	⓪
Ⓐ Ⓟ	●	①	①	①
Ⓒ Ⓡ	②	●	②	②
Ⓣ Ⓧ	③	③	③	③
Ⓤ	④	④	④	④
	⑤	⑤	⑤	⑤
수리 이력	⑥	⑥	⑥	⑥
	⑦	⑦	⑦	⑦
Ⓦ	⑧	⑧	⑧	⑧
Ⓧ	⑨	⑨	⑨	⑨

1 번 / 1 2 (틀린 예)

수리 필요	천	백	십	일
		⓪	⓪	⓪
Ⓐ Ⓟ	①	①	●	①
Ⓒ Ⓡ	②	②	②	●
● Ⓧ	③	③	③	③
Ⓤ	④	④	④	④
	⑤	⑤	⑤	⑤
수리 이력	⑥	⑥	⑥	⑥
	⑦	⑦	⑦	⑦
Ⓦ	⑧	⑧	⑧	⑧
Ⓧ	⑨	⑨	⑨	⑨

7-2. 수리필요 평가에서 복합부호 표시는 보기와 같이 '수리필요' 표기 란에 표기("●")하고, 감가계수(숫자)는 '숫자' 표기 란에 표기("●")해야 합니다.
(해당 부호와 숫자만 표기("●")해야 함)

[보기 17] 바른 예   [보기 18] 틀린 예
　　○　　　　　✕　　　　　　✕　　　　　　✕

[보기 17] 바른 예 (○)

2 번				
UX20				
수리필요	천	백	십	일
		⓪	⓪	●
Ⓐ Ⓟ	①	①	①	①
Ⓒ Ⓡ	②	②	●	②
Ⓣ ●	③	③	③	③
●	④	④	④	④
	⑤	⑤	⑤	⑤
수리이력	⑥	⑥	⑥	⑥
	⑦	⑦	⑦	⑦
Ⓦ	⑧	⑧	⑧	⑧
Ⓧ	⑨	⑨	⑨	⑨

[보기 18] 틀린 예 (✕)

2 번				
UX20				
수리필요	천	백	십	일
	●		⓪	●
Ⓐ Ⓟ	①	①	①	①
Ⓒ Ⓡ	②	②	●	②
Ⓣ ●	③	③	③	③
●	④	④	④	④
	⑤	⑤	⑤	⑤
수리이력	⑥	⑥	⑥	⑥
	⑦	⑦	⑦	⑦
Ⓦ	⑧	⑧	⑧	⑧
Ⓧ	⑨	⑨	⑨	⑨

[보기 18] 틀린 예 (✕)

2 번				
UX20				
수리필요	천	백	십	일
	●		⓪	⓪
Ⓐ Ⓟ	①	①	①	①
Ⓒ Ⓡ	●	②	②	②
Ⓣ ●	③	③	③	③
●	④	④	④	④
	⑤	⑤	⑤	⑤
수리이력	⑥	⑥	⑥	⑥
	⑦	⑦	⑦	⑦
Ⓦ	⑧	⑧	⑧	⑧
Ⓧ	⑨	⑨	⑨	⑨

[보기 18] 틀린 예 (✕)

2 번				
UX20				
수리필요	천	백	십	일
		⓪	⓪	●
Ⓐ Ⓟ	①	①	①	①
Ⓒ Ⓡ	②	②	●	②
Ⓣ Ⓧ	③	③	③	③
●	④	④	④	④
	⑤	⑤	⑤	⑤
수리이력	⑥	⑥	⑥	⑥
	⑦	⑦	⑦	⑦
Ⓦ	⑧	⑧	⑧	⑧
●	⑨	⑨	⑨	⑨

7-3. 사고 · 수리 이력의 상태표시 부호는 보기와 같이 '수리이력' 표기 란에 표기
("●")해야 합니다. (해당 부호만 표기("●")해야 함)

[보기 19] 바른 예   [보기 20] 틀린 예

○   ×   ×   ×

20 번				
X				
수리 필요	천	백	십	일
		⓪	⓪	⓪
Ⓐ Ⓟ	①	①	①	①
Ⓒ Ⓡ	②	②	②	②
Ⓣ Ⓧ	③	③	③	③
Ⓤ	④	④	④	④
	⑤	⑤	⑤	⑤
수리 이력	⑥	⑥	⑥	⑥
	⑦	⑦	⑦	⑦
Ⓦ	⑧	⑧	⑧	⑧
●	⑨	⑨	⑨	⑨

20 번				
X				
수리 필요	천	백	십	일
		⓪	⓪	⓪
Ⓐ Ⓟ	①	①	①	①
Ⓒ Ⓡ	②	②	②	②
Ⓣ ●	③	③	③	③
Ⓤ	④	④	④	④
	⑤	⑤	⑤	⑤
수리 이력	⑥	⑥	⑥	⑥
	⑦	⑦	⑦	⑦
Ⓦ	⑧	⑧	⑧	⑧
Ⓧ	⑨	⑨	⑨	⑨

20 번				
X				
수리 필요	천	백	십	일
		⓪	⓪	●
Ⓐ Ⓟ	①	①	①	①
Ⓒ Ⓡ	②	②	②	②
Ⓣ Ⓧ	③	③	③	③
Ⓤ	④	④	④	④
	⑤	⑤	⑤	⑤
수리 이력	⑥	⑥	⑥	⑥
	⑦	⑦	⑦	⑦
Ⓦ	⑧	⑧	⑧	⑧
●	⑨	⑨	⑨	⑨

20 번				
X				
수리 필요	천	백	십	일
		⓪	⓪	●
Ⓐ Ⓟ	①	①	●	①
Ⓒ Ⓡ	②	②	②	②
Ⓣ Ⓧ	③	③	③	③
Ⓤ	④	④	④	④
	⑤	⑤	⑤	⑤
수리 이력	⑥	⑥	⑥	⑥
	⑦	⑦	⑦	⑦
Ⓦ	⑧	⑧	⑧	⑧
●	⑨	⑨	⑨	⑨

▎편성위원

(사)한국자동차진단보증협회 **박기우** 검정집행 위원장
김길겸 검정집행 부위원장

자동차진단평가사 [실기편]

초판 인쇄▎2025년 2월 10일
초판 발행▎2025년 2월 17일

감　　수▎김 필 수
編　　著▎(사)한국자동차진단보증협회 편성위원
발 행 인▎김 길 현
발 행 처▎(주)골든벨
등　　록▎제 1987—000018 호
I S B N▎979-11-5806-758-8
가　　격▎20,000원

이 책을 만든 사람들

편 집 · 디 자 인 ▎조경미, 권정숙, 박은경　　　제 작 진 행 ▎최병석
웹 매 니 지 먼 트 ▎안재명, 양대모, 김경희　　　오 프 마 케 팅 ▎우병춘, 이대권, 이강연
공 급 관 리 ▎오민석, 정복순, 김봉식　　　회 계 관 리 ▎김경아

⑩ 04316 서울특별시 용산구 원효로 245(원효로1가 53-1) 골든벨빌딩 6F
• TEL : 도서 주문 및 발송 02-713-4135 / 회계 경리 02-713-4137
　　　　내용 관련 문의 02-579-8500 (한국자동차진단보증협회) / 해외 오퍼 및 광고 02-713-7453
• FAX : 02-718-5510　　• http : // www.gbbook.co.kr　　• E-mail : 7134135@ naver.com